"行业消防安全检查
系列丛书

医院学校养老院消防安全检查

王献忠◎主编

陈雷　周丽丽◎副主编

吉林出版集团股份有限公司
全国百佳图书出版单位

图书在版编目（ＣＩＰ）数据

医院学校养老院消防安全检查 / 王献忠主编；陈雷，
周丽丽副主编. -- 长春：吉林出版集团股份有限公司，
2024.5

（"行业消防安全检查"系列丛书）

ISBN 978-7-5731-4965-7

Ⅰ. ①医… Ⅱ. ①王… ②陈… ③周… Ⅲ. ①消防 -
安全管理 Ⅳ. ①TU998.1

中国国家版本馆CIP数据核字（2024）第097146号

YIYUAN XUEXIAO YANGLAOYUAN XIAOFANG ANQUAN JIANCHA

医院学校养老院消防安全检查

主　　编	王献忠
副 主 编	陈　雷　　周丽丽
责任编辑	王丽媛
装帧设计	清　风

出　　版	吉林出版集团股份有限公司
发　　行	吉林出版集团社科图书有限公司
地　　址	吉林省长春市南关区福祉大路5788号　邮编：130118
印　　刷	吉林省吉美印刷有限责任公司
电　　话	0431-81629711（总编办）
抖 音 号	吉林出版集团社科图书有限公司　37009026326

开　　本	710 mm×1000 mm　1 / 16
印　　张	12
字　　数	230千字
版　　次	2024 年 5 月第 1 版
印　　次	2024 年 5 月第 1 次印刷

书　　号	ISBN 978-7-5731-4965-7
定　　价	78.00 元

如有印装质量问题，请与市场营销中心联系调换。0431-81629729

"行业消防安全检查"系列丛书
编委会名单

主　编　王献忠

副主编　陈　雷　周丽丽

成　员　宋立明　宋　云　王樱花

　　　　　吕　行　田　野　殷晓春

　　　　　袁　野　王　超　王霄鹤

　　　　　谢慧琳

序　言

　　为进一步加强行业部门的消防安全管理工作，依据《中华人民共和国消防法》《吉林省消防条例》《消防安全责任制实施办法》和有关部门规章等法律法规、文件政策和技术标准，吉林省消防救援委员会办公室组织编写了"行业消防安全检查"系列丛书（以下简称"本丛书"）。本丛书分析了典型场所的突出火灾风险，整理和归纳了行业部门实施行业监管，社会单位开展防火检查巡查的步骤、方法和重点检查内容，旨在推动行业部门消防安全监管能力和社会单位自主管理能力实现有效提升。

　　本丛书所列内容仅作日常工作参考，其他未尽事项以相关法律法规的规定和技术规范的要求为准。

CONTENTS **目 录**

第二部分　学校消防安全检查

第三部分　养老机构消防安全检查

附　　录

第一部分
医疗机构消防安全检查

第一章 医疗机构主要火灾风险

第一节 起火风险

一、明火源风险

（一）医务人员、病人、护理人员违规吸烟，随意丢弃未熄灭的烟头。

（二）违规使用明火、电蚊香驱蚊，违规使用液化石油气、天然气。

（三）医用易燃、易爆药剂受阳光照射、周边热辐射引发自燃；中草药库房等中草药发潮、发热引发自燃。

（四）医疗实验室、制药室、供氧站内等处所的酒精、乙醚、丙酮、胶片等易燃易爆物品使用不当。

（五）药品未按照化学性质、特点分类储存，在日晒、高温、遇潮、相互作用情况下发生自燃、氧化放热等。

（六）病房、其他屋室超设计负荷使用电器设备。

（七）违规进行电气焊、切割等明火作业。

二、电气火灾风险

（一）未定期检查电气线路、设备，不能及时维修、更换有故障等电气线路、设备。

（二）随意新增电气线路、设备，私自安装电闸、插座、变压器，插线板连接电气设备超过额定容量。

（三）超负荷、超年限使用电气线路、设备，电气设备使用后不及时切断电源。

（四）电气线路敷设经过可燃材料，红外线、频谱等电加热器材距离窗帘、被褥等可燃物未保持安全距离；药品库房未采用低温照明灯具。

（五）高压氧舱内电气线路和设备未定期维护保养，人员出入未采取防静电措施，日常设备消毒清洗管理不当。

三、可燃物风险

（一）违规使用聚氨酯、聚苯乙烯、木板等易燃可燃装修材料。

（二）易燃易爆危险品的存放位置、用量和使用环境不符合危险品管理要求。

（三）使用过的纱布、棉球等未在指定地点存放，未及时清理。

（四）药品库房内随意堆放，酒精、乙醚等危险品未进行分类存放。

（五）建筑外墙保温燃烧性能不符合要求，外墙保温材料防护层破损。

（六）随意在屋顶、楼梯间、管道井、疏散走道、设备用房等部位堆放可燃物。

第二节　火灾状态下人员安全疏散风险

（一）行动不能自理或行动不便的患者的病房设置楼层过高，不利于疏散。

（二）病房楼的公共部位或疏散走道设置床位。

（三）外窗、阳台等部位设置影响逃生和灭火救援的栅栏。

（四）应急广播系统不能正常使用，不能正确播放疏散提示信息；应急照明数量不足、亮度不够；疏散指示标志设置不符合要求、被遮挡、未保持完好。

（五）安全出口、疏散通道被占用、锁闭或者疏散通道设置的门禁系统在火灾情况下无法打开。

（六）避难层、避难间、避难走道被占用，或者没有明显标识。

（七）未在病房、疏散走道、安全出口等部位设置安全疏散示意图，发生火灾时，无法快速、准确找到安全出口。

（八）灭火和应急疏散预案中分工不明确，未明确疏散引导员，未对危重以及行动不便的病人采取针对性的疏散措施，缺乏有效的夜间疏散预案。

第三节　火灾蔓延扩大风险

（一）擅自改变防火分区、防烟分区，擅自改变防火卷帘、防火门、防火窗、挡烟垂壁等防火、防烟设施。

（二）具有联动功能的防火卷帘、防火门、防火窗挡烟垂壁等设施在火灾情况下，无法实现联动功能。

（三）管道井、电缆井、供暖、通风、空调等管道封堵不严。

（四）火灾自动报警系统、自动喷水灭火系统、机械防排烟系统在火灾状态下不能正常实现早期预警和快速灭火。

（五）存放、使用的酒精、乙醚等易燃易爆物品以及可燃药品等增加了火灾蔓延速度。

第四节　重点部位火灾风险

一、手术室

（一）内部酒精、氧气、乙醚等易燃易爆物品多；无菌单、纱布、棉球等都为易燃物品。

（二）手术电刀使用时局部高温易引燃可燃物。

（三）手术室用电设备、仪器多，使用频率高，易引发短路和设备故障。

二、病房（重症监护室）

（一）治疗设备多，用电量大，通电时间长，超负荷、超年限使用易造成设备故障。

（二）大量使用氧气，特别使用瓶装氧气时，危险性大。

（三）病人、护理人员在病房内吸烟、使用用电设备等，存在风险隐患。

（四）病房内增加床位，妨碍安全疏散。

三、药品库房

（一）可燃物多，火灾荷载大；酒精等易燃易爆危险品未分类存放。

（二）集中堆放的中草药，易因散热措施不当而引发自燃。

（三）明敷的电气线路未进行穿管保护，或者电闸、电气线路与可燃药品距离过近。

四、供氧站

（一）供氧、用氧设备及检修工具沾染油污。

（二）供氧站的氧气空瓶与实瓶未分开放置。

（三）供氧站与热源、火源未保持安全距离。

五、放射机房

（一）存放的可燃、易燃物品多。

（二）机房内机器散热条件不足。

（三）用电设备用电量大，使用时间长。

六、配电室

（一）合理选择供配电负荷和供电方式，使用合格的电气线路和产品，保证供电可靠性。

（二）正确选择电气线路型号，并按照技术规范要求进行电气线路敷设。

（三）电气线路和设备的敷设、安装，要由具备资质的电工按照规范进行施工。

（四）配电室值班人员须持证上岗，熟悉配电设备状况、操作方法和应急处置措施。

（五）配电室内严禁堆放可燃物。

（六）配备与火灾种类和灭火级别相适应的灭火设施、器材。

第二章　医疗机构消防安全检查要点

第一节　消防安全管理

一、消防档案

（一）消防档案要求

消防档案应包括消防安全基本情况和消防安全管理情况，档案内容翔实，能全面反映单位消防工作基本情况，并附有必要的图表，根据实际情况及时更新。

（二）消防安全基本情况档案

1.建筑的基本概况和消防安全重点部位情况。

2.所在建筑消防设计审查、消防验收或消防设计、消防验收备案相关资料。

3.消防组织和各级消防安全责任人。

4.微型消防站设置及人员、消防装备配备情况。

5.相关租赁合同。

6.消防安全管理制度和保证消防安全的操作规程，灭火和应急疏散预案。

7.消防设施、灭火器材配置情况。

8.专职消防队、志愿消防队人员及其消防装备配备情况。

9.消防安全管理人、自动消防设施操作人员、电气焊工、电工、易燃易爆危险品操作人员的基本情况。

10. 新增消防产品质量合格证，新增建筑材料和室内装修、装饰材料的防火性能证明文件。

（三）消防安全管理情况档案

1. 消防安全例会记录或会议纪要、决定。

2. 消防救援机构填发的各种法律文书。

3. 消防设施定期检查记录、自动消防设施全面检查测试的报告、单位与具有相关资质的消防技术服务机构签订维护保养合同以及维修保养的记录（记录要有消防技术服务机构公章和人员签字）。

4. 火灾隐患、重大火灾隐患及其整改情况记录。

5. 消防控制室值班记录。

6. 防火检查、巡查记录。

7. 有关燃气、电气设备检测，动火审批，厨房烟道清洗等工作的记录资料。

8. 消防安全培训记录。

9. 灭火和应急疏散预案的演练记录。

10. 各级和各部门消防安全责任人的消防安全承诺书。

11. 火灾情况记录。

12. 消防奖励情况记录。

二、消防安全责任制落实

实地抽查提问消防安全责任人、管理人，检查是否熟知以下工作职责：

（一）消防安全责任人工作职责

1. 贯彻执行消防法律法规，保障单位消防安全符合国家消防技术标准，掌握本单位的消防安全情况，全面负责本场所的消防安全工作。

2. 统筹安排本场所的消防安全管理工作，批准实施年度消防工作计划。

3. 为本单位的消防安全管理工作提供必要的经费和组织保障。

4. 确定逐级消防安全责任，批准实施消防安全管理制度和保障消防安全的操作规程。

5. 组织召开消防安全例会，组织开展防火检查，督促整改火灾隐患，及时处理涉及消防安全的重大问题。

6. 根据有关消防法律法规的规定建立专职消防队、志愿消防队（微型消防站），并配备相应的消防器材和装备。

7. 针对本场所的实际情况，组织制订符合本单位实际的灭火和应急疏散预案，并实施演练。

（二）消防安全管理人工作职责

1. 拟订年度消防安全工作计划，组织实施日常消防安全管理工作。

2. 组织制定消防安全管理制度和保障消防安全的操作规程，并检查督促落实。

3. 拟订消防安全工作的经费预算和组织保障方案。

4. 组织实施防火检查和火灾隐患整改。

5. 组织实施对本单位消防设施、灭火器材和消防安全标志的维护保养，确保其完好有效和处于正常运行状态，确保疏散通道、走道和安全出口、消防车通道畅通。

6. 组织管理专职消防队或志愿消防队（微型消防站），开展日常业务训练，组织初起火灾扑救和人员疏散。

7. 组织从业人员开展岗前和日常消防知识、技能的教育和培训，组织灭火和应急疏散预案的实施和演练。

8. 定期向消防安全责任人报告消防安全情况，及时报告涉及消防安全的重大问题。

9. 管理单位委托的物业服务企业和消防技术服务机构。

10. 单位消防安全责任人委托的其他消防安全管理工作。

未确定消防安全管理人的单位，上述规定的消防安全管理工作由单位消防安全责任人负责实施。

三、消防安全管理制度

（一）消防安全制度内容

1. 消防安全教育、培训。

2. 防火巡查、检查；安全疏散设施管理。

3. 消防控制室值班。

4. 消防设施、器材维护管理。

5. 用火、用电安全管理。

6. 微型消防站的组织管理。

7. 灭火和应急疏散预案演练。

8. 燃气和电气设备的检查和管理。

9. 火灾隐患整改。

10. 消防安全工作考评和奖惩。

11. 其他必要的消防安全内容。

（二）多产权、多使用单位管理

1. 应明确多产权、多使用单位或者承包、租赁、委托经营单位消防安全责任。

2. 消防车通道、涉及公共消防安全的疏散设施和其他建筑消防设施应当由产权单位或者委托管理的单位统一管理。

3. 在与租户或业主签订相关租赁或者承包合同时，应在合同内明确各方的消防安全职责。各业主应当在各自职责范围内履行职责。

4. 实行统一管理时应制定统一的管理标准、管理办法，明确隐患问题整改责任、整改资金、整改措施。

（三）防火巡查、检查

1. 翻阅《防火巡查记录》《防火检查记录》，查看是否至少每日进行一次防火巡查、是否进行夜间防火巡查，是否至少每个月进行一次防火检查，是否如实登记火灾隐患情况。

2. 《防火巡查记录》《防火检查记录》中，巡查、检查人员和管理人是否分别在记录上签名，并通过核对笔迹的方式确定签字的真实性。

3. 对照单位的《防火巡查记录》《防火检查记录》中记录的隐患，实地查看整改及防范措施的落实情况。

（四）消防安全培训教育

1. 应对全体员工至少每半年进行一次消防安全培训，对新上岗和进入新岗位的员工应进行岗前消防安全培训。

2. 培训内容应以教会员工电气等火灾风险及防范常识，灭火器和消火栓的使用方法，防毒防烟面具的佩戴，人员疏散逃生知识等为主。

3. 查看员工消防安全培训记录、培训照片等资料是否真实，是否记明培训的时间、参加人员、内容，参训人员是否签字，随机抽查单位员工消防安全"四个能力"（即检查消除火灾隐患能力、组织扑救初起火灾能力、组织人员疏散逃生能力、消防宣传教育培训能力）掌握情况。

消防安全教育培训记录表			
培训时间		培训地点	
参加人数		授课人	
参加培训人员：			
培训内容： **消防安全知识"三懂"** 一、懂本单位火灾危险性 　1. 防止触电；2. 防止引起火灾；3. 可燃、易燃品、火源。 二、懂预防火灾的措施 　1. 加强对可燃物质的管理；2. 管理和控制好各种火源；3. 加强电气设备及其线路的管理；4. 易燃易爆场所应有足够的适用的消防设施，并要经常检查做到会用、有效。 三、懂灭火方法 　1. 冷却灭火方法；2. 隔离灭火方法；3. 窒息灭火方法；4. 抑制灭火方法。 **消防安全知识"四会"** 一、会报警 　1. 大声呼喊报警，使用手动报警设备报警；2. 如使用专用电话、手动报警按钮、消火栓按键击碎等；3. 拨打119火警电话，向当地消防救援机构报警。			

二、会使用消防器材

　　拔掉保险销，握住喷管喷头，压下提把，对准火焰根部即可。

三、会扑救初期火灾

　　在扑救初期火灾时，必须遵循：先控制后消灭，救人第一，先重点后一般的原则。

四、会组织人员疏散逃生

　　1. 按疏散预案组织人员疏散；2. 酌情通报情况，防止混乱；3. 分组实施引导。

消防安全"四个能力"基本内容

　　1. 检查消除火灾隐患能力：查用火用电，禁违章操作，查通道出口，禁堵塞封闭，查设施器材，禁损坏挪用，查重点部位，禁失控漏管；2. 扑救初起火灾能力：发现火灾后，起火部位员工1分钟内形成第一灭火力量，火灾确认后，单位3分钟内形成第二灭火力量；3. 组织疏散逃生能力：熟悉疏散通道，熟悉安全出口，掌握疏散程序，掌握逃生技能；4. 消防宣传教育能力：消防宣传人员，有消防宣传标志，有全员培训机制，掌握消防安全常识。

微型消防站"三知四会一联通"

　　1. "三知"：微型消防站队员要知道单位内部消防设施位置、知道疏散通道和出口、知道建筑布局和功能；2. "四会"：会组织疏散人员、会扑救初起火灾、会穿戴防护装备、会操作消防器材；3. "一联通"：消防救援支队或大中队与微型消防站、微型消防站与队员保持通信联络畅通。

培训照片：

（五）灭火和应急疏散预案及演练

1. 应至少每半年组织一次全员参与的灭火和应急疏散预案演练。

2. 翻阅灭火和应急疏散预案，查看是否有针对性地制订灭火和应急疏散预案，是否根据建筑改造、人员调整等情况，及时进行修订。灭火和应急疏散预案应当至少包括下列内容：

（1）建筑的基本情况、重点部位及火灾风险分析。

（2）明确火灾现场通信联络、灭火、疏散、救护、对接消防救援力量等任务的负责人、组成人员及各自职责。

（3）火警处置程序。

（4）应急疏散的组织程序和措施。

（5）扑救初起火灾的程序和措施。

（6）通信联络、安全防护和人员救护的组织与调度程序和保障措施。

3. 翻阅演练记录、照片等材料，查看演练的时间、地点、内容、参加人员是否属实，演练是否以人员集中、火灾危险性较大和重点部位为模拟起火点、是否全员参与、是否按照预案内容进行模拟演练，并随机询问员工是否熟知本岗位职责、应急处置程序等情况。

（六）消防宣传提示

1. 应在安全出口处张贴"三自主两公开一承诺"（自主评估风险、自主检查安全、自主整改隐患，向社会公开消防安全责任人、管理人，并承诺本场所不存在突出风险或者已落实防范措施）公示牌。

2. 要营造单位内部宣传氛围,利用内部LED电子显示屏、大屏幕和楼内广播等滚动播放消防安全常识。

3. 各楼层在显著位置张贴宣传挂图以及安全疏散逃生示意图,疏散指示图上应标明疏散路线、安全出口和疏散门、人员所在位置和必要文字说明。

4. 配电室、厨房和库房等重点部位张贴火灾风险提示。

第二节　微型消防站建设

一、人员设置

1. 人员数量设置原则上不少于6人。

2. 应结合实际设站长、队员等岗位。

3. 站长由单位消防安全管理人担任,队员由其他员工担任。

二、日常工作职责

1. 应定期组织开展业务训练,每个月至少开展一次全员拉动测试。

2. 人员应保持随时在岗在位,确保接到火警信息后能各负其责,"3分钟到场"进行处置。

3. 要具备"三知四会"能力,即知道消防设施和器材位置、知道疏散通道和出口、知道建筑布局和功能;会组织疏散人员、会扑救初起火灾、会穿戴防护装备和会操作消防器材。

4. 站长职责

(1)负责微型消防站日常管理。

(2)组织制定及落实各项管理制度和灭火应急预案。

(3)组织防火巡查。

(4)组织消防宣传教育和应急处置训练。

(5)指挥初起火灾扑救和人员疏散。

(6)对发现的火灾隐患和违法行为进行及时整改。

5. 队员职责

（1）应熟练掌握消防设施、器材的性能和操作使用方法。

（2）熟悉设施器材的设置位置和灭火应急预案内容，发生火灾时主要负责扑救初起火灾、组织人员疏散工作。

（3）日常负责防火安全巡查检查工作。

6. 重要保卫时段工作职责

在重大活动、重要节假日和重要时间节点，加强力量重点防护，并做好如下工作：

（1）对单位内部疏散通道、厨房、库房等重点区域开展一次消防安全自查。

（2）对电气线路敷设、电器产品的使用开展一次检查。

（3）对自动消防设施进行一次联动测试。

（4）开展一次全员培训和应急疏散演练。

（5）将活动详情和应急预案报告给当地消防救援部门。

三、器材配备

应当根据本场所火灾危险性特点，每人配备手持对讲机、防毒防烟面罩等灭火、通信和个人防护器材装备，并逐层设置消防器材装备存放点。

四、火场处置流程

1. 发现火灾后，应向消防控制室报告火灾情况，并利用就近的消火栓、灭火器、消防水桶等器材扑救火灾。

2. 消防控制中心确认火警信息后，应立即启动消防应急广播等消防设施，同时报火警119，通知相关人员迅速开展应急处置工作。

3. 负责灭火工作的人员应快速前往起火点，进行灭火。

4. 负责疏散工作的人员应佩戴防毒防烟面罩，指挥、引导各楼层人员向安全出口撤离。

5. 负责对接消防救援力量的人员应在室外将到场的消防车引向距起火点最近的安全出口处。

第三节　消防安全重点部位

一、手术室

1. 手术室使用的酒精、麻醉剂等易燃易爆物品，应严格执行危险品领取登记和清退制度。

2. 对病人进行麻醉等场所应有良好等局部通风。

3. 手术室的电气设备应定期检查，并及时更换老化电气线路和损坏的电气插座。

4. 手术结束后，应关闭电源和供氧设备。

5. 手术部位与其他部门应采取有效防火分隔。

二、病房（重症监护室）

1. 病房的房门和病房公共区域的明显位置应设置安全疏散指示图，指示图上应标明疏散路线、疏散方向、安全出口位置以及必要的文字说明。

2. 超过两层的病房内应配备一定数量的防护面罩、应急照明设施。

3. 行动不能自理或者行动不便的患者的病房宜设置在四层以下楼层。

4. 治疗用的仪器设备应由专人负责，不使用时，及时切断电源。

5. 易燃易爆物品应由专人负责，并远离电源、热源。

6. 病房内禁止做饭、烧水，除必须使用外，严禁使用高温设备。

7. 病房内不应堆放纸箱等可燃物品，用过等纱布、棉球等应及时处理。

三、药品库房

1. 库房应设在独立建筑内或者建筑内独立区域内，与其他场所采取防火分隔措施。

2. 药品库房内不应设置休息室、办公室，值班室夜间不应留人住宿。

3. 药品应分类存放，酒精等易燃易爆物品禁止存储在地下室内。

4. 药品库房内明敷电气线路时，应穿金属管进行保护，堆放的药品应与电闸、电气线路保持安全距离。

四、供氧站

1. 与火源、热源和易燃易爆场所保持安全距离。

2. 供氧、用氧设备及其检修工具不应沾染油污。

3. 供氧站内氧气空瓶和实瓶应分开存放，不应在氧气站内罐装氧气袋。

4. 病房内氧气瓶应及时更换，不应积存。采用管道供氧时，应经常检查管道接口、面罩，发现漏气及时修复或更换。

五、放射机房

1. 严禁存放可燃、易燃物品。

2. 机房应有足够空间保证空气流通和机器散热。

3. 机房使用酒精、汽油等易燃液体进行消毒和清洗时，应打开门窗通风。

4. 电气设备应正式安装，电缆变压器负载、容量应达到规定的安全系数。

第四节　疏散救援设施

一、消防车通道

1. 消防车通道应保持畅通，不应被占用、堵塞、封闭。

2. 不应设置妨碍消防车通行的停车泊位、路桩、隔离墩、地锁等障碍物，并须设有严禁占用等标志、在地面设有标识线。

3. 消防车道靠建筑外墙一侧的边缘距离建筑外墙不宜小于5m。

4. 消防车道与建筑之间不应设置妨碍消防车操作的树木、架空管线等障碍物。

5. 消防车道的净宽度和净空高度均不应小于4m，消防车道的坡度不宜大于10%。

二、消防车登高操作场地及消防救援窗

1. 消防车登高操作场地与建筑之间不应设置妨碍消防车操作的树木、架空管线等障碍物和车库出入口。

2. 场地的长度和宽度分别不应小于15m和10m。对于建筑高度大于50m的建筑，场地的长度和宽度分别不应小于20m和10m。

3. 场地及其下面的建筑结构、管道和暗沟等，应能承受重型消防车的压力。

4. 场地应与消防车道连通，场地靠建筑外墙一侧的边缘距离建筑外墙不宜小于5m，且不应大于10m，场地的坡度不宜大于3%。

5. 建筑物与消防车登高操作场地相对应的范围内，应设置直通室外的楼梯或直通楼梯间的入口。

6. 供消防救援人员进入的窗口的净高度和净宽度均不应小于1m，下沿距室内地面不宜大于1.2m，间距不宜大于20m且每个防火分区不应少于2个，设置位置应与消防车登高场地相对应。窗口的玻璃应易于破碎，并应设置可在室外易于识别的明显标志。

三、安全出口及疏散楼梯

1. 安全出口数量不应少于2个，疏散门应向疏散方向开启，不能采用卷帘门、转门和侧拉门，不能上锁和封堵，应保持畅通。

2. 疏散楼梯的净宽度不应小于1.1m，其中高层公共建筑（建筑高度超过24m的公共建筑）的疏散楼梯净宽度不应小于1.2m。

3. 楼梯间内不能堆放杂物，严禁设置地毯、窗帘、KT板广告牌可燃材料。

4. 通向室外疏散楼梯的门应采用乙级防火门，应向外开启，不应正对楼梯段。

5. 室外疏散楼梯的梯段和缓台均应采用不燃材料制作，缓台不应采用金属材料。

第五节　消防设施器材

一、疏散指示标志

1. 疏散指示标志不应被遮挡。

2. 应选择采用节能光源的灯具，标志灯应选择持续型灯具。其中安全出口标志灯应安装在安全出口或疏散门内侧上方居中的位置。疏散指示标志应设置在疏散走道及其转角处距地面高度1m以下的墙面或地面上，当安装在疏散走道、通道上方时，室内高度不大于3.5m的场所，标志灯底边距地面的高度宜为2.2m～2.5m；室内高度大于3.5m的场所，特大型、大型、中型标志灯底边距地面高度不宜小于3m，且不宜大于6m。

3. 灯光疏散指示标志的标志面与疏散方向垂直时，灯具的设置间距不应大于20m；标志灯的标志面与疏散方向平行时，灯具的设置间距不应大于10m。

二、应急照明灯

1. 安全出口的正上方，建筑内的疏散走道，封闭楼梯间、防烟楼梯间及其前室、消防电梯间的前室或合用前室、观众厅、展览厅、多功能厅和建筑面积大于200m²的人员密集的场所顶棚墙面上应设置应急照明灯。

2. 平时主电状态是绿灯、故障状态是黄灯、充电状态是红灯，现场按下测试按钮，应保持常亮状态。

3. 连续供电时间不应少于0.5h。

三、灭火器

1. 一般都是配备ABC干粉灭火器，压力表指针在绿区；机房、配电室等电气设备用房应配备二氧化碳灭火器。

2. 灭火器应有红色消防产品身份标识，每个计算单元内配置的灭火器数量不得少于2具，每个设置点的灭火器数量不得多于5具。住院床位50张及以上的医院应配备5kg及以上干粉灭火器，50张床位以下的配备3kg及以上干粉灭火器。

3. 灭火器应放在明显和便于取用的地点，灭火器箱不应被遮挡、上锁，开启应灵活。

4. 灭火器的零部件齐全，无松动、脱落或损伤，铅封等保险装置无损坏或遗失。

5. 喷射软管应完好，无明显裂纹，喷嘴无堵塞。

6. 干粉灭火器、二氧化碳灭火器出厂期满5年后进行首次维修，之后每2年维修一次；二氧化碳灭火器的报废期限为12年，干粉灭火器的报废期限为10年。

四、防火门

1. 常闭式防火门应有红色的消防产品合格标志，且处于关闭状态，门扇启闭应灵活，无关闭不严的现象；门框、门扇、门槛、把手、锁、防火密封条、闭门器、顺序器等组件应保持齐全、好用。

2. 常闭式防火门应有"保持常闭"字样标识。

3. 门框上的缝隙、孔洞应采用水泥砂浆等不燃烧材料填充。

4. 释放单扇防火门，门扇应能自动关闭；释放双、多扇防火门，观察门扇是否能实现顺序关闭，并保持严密。

5. 常开式防火门检查时，按下其释放器的手动按钮，防火门应自行关闭且严密，闭门信号应传送至消防控制室。

五、室内消火栓系统

1. 消火栓不应被埋压、圈占、遮挡。

2. 消火栓箱门应张贴操作说明，能正常开启且开启角度不小于120°。

3. 水带、水枪、接口应齐全，水带不应破损，水带与接口应牢靠，消火栓栓口方向应向下或与墙面成90°角，检查时，应在顶层进行出水测试，水压符合要求。

4. 设有消火栓报警按钮的，接线完好，有巡检指示功能的其巡检指示灯应闪亮。

5. 按下消火栓按钮，指示灯应常亮，火灾报警控制柜应收到反馈信号。

6. 消防软管卷盘的胶管不应粘连、开裂，与喷枪、阀门等连接应牢固；阀门操作手柄应完好；打开供水阀，各连接处无渗漏；开启喷枪，检查其喷水情况应正常。

六、室外消火栓系统

1. 室外消火栓不应被埋压、圈占、遮挡。

2. 地下消火栓应有明显标识，井盖能顺利开启，井内不能存有积水以及妨碍操作的杂物等。

3. 使用消火栓扳手检查消火栓闷盖，阀杆操作应灵活。

4. 连接消防水带测试室外消火栓，供水压力应符合规定，栓口无漏水现象。

七、火灾自动报警系统

（一）火灾探测器

1. 火灾探测器0.5m范围内不应有障碍物。

2. 火灾探测器（常见感温探测器）平时巡检灯应闪亮。现场对顶棚的感烟探测器进行吹烟测试，感烟探测器应处于常亮状态，报警控制器应能够显示火灾报警信号，能打印火灾信息，系统显示时间应和实际时间一致。

3. 不得出现被摘除、损坏或是未摘掉防尘罩等违法行为。

（二）手动火灾报警按钮

1. 具有巡检指示功能的手动报警按钮的指示灯应正常闪亮，表面无破损，周围不应存在影响辨识和操作的障碍物。

2. 按下手动报警按钮进行报警试验，报警确认灯应常亮，核实火灾报警控制器应接收到其发出的火警信号。

八、自动喷水灭火系统

1. 检查末端试水装置组件（试水阀门、试水接头、压力表）是否完整，压力不应低于0.05MPa。

2. 末端试水装置应有醒目标志，地面应设置排水设施。

3. 打开末端试水放水阀进行放水试验，5分钟内消防水泵应自动启动，同时火灾报警控制器上应有水流指示器、压力开关报警信号及消防水泵的动作反馈信号。

九、消防水泵

1. 消防水泵房应设置应急照明和消防电话，采用耐火极限不低于2.0h的防火隔墙和1.5h的楼板与其他部位分隔；疏散门应直通室外或安全出口，开向疏散走道的门应采用甲级防火门。

2. 消防水泵应注明系统名称，应有主、备泵标识，消防给水设施的管道阀门应有开/关的状态标识。

3. 消防水泵控制柜转换开关应处于"自动"运行模式；将消防水泵控制柜的转换开关置于"手动"模式，分别按下主、备泵的"启动"按钮，待"启动"指示灯亮起再按下相应的"停止"按钮，水泵应能正常启动和停止。

4. 在消防控制室消防联动控制器上进行手动启、停消防泵的操作，泵组启、停应正常，控制器应有消防泵启动、动作反馈和停止的信号显示。

十、稳压设施

1. 气压罐及其组件外观不应存在锈蚀、缺损情况，标志应清晰、完整。

2. 电气控制箱应处于通电状态，将电气控制箱旋钮调至"手动"模式，分别按下主、备泵的"启动"按钮，待"启动"指示灯亮起再按下相应的"停止"按钮，稳压泵应能正常启动和停止。

3. 稳压系统的电接点压力表应有启停泵数值参数标识。

十一、消防水泵接合器

1. 水泵接合器设置应不被埋压、圈占、遮挡，应设置永久性标牌标明所属系统和区域，相关组件应完好有效。

2. 地下式水泵接合器井内无积水，应有防冻措施。

十二、防排烟设施

排烟系统分为自然排烟系统和机械排烟系统；防烟系统分为自然通风系统和机械加压送风系统。

（一）自然排烟设施

自然排烟主要利用可开启的外窗进行排烟，外窗不应设置栅栏和影响逃生、灭火救援的广告牌等障碍物；确需设栅栏的，应能从内部易于开启。

（二）机械排烟系统

1. 排烟风机的铭牌应牢固，应有注明系统名称和编号的醒目标识；风机与风管连接处应严密，连接材料不应老化和破损且周围不应存放可燃物。

2.排烟风机房内不应堆放杂物，应设置应急照明和消防电话。

3.控制柜应有注明系统名称和编号的醒目标识；仪表、指示灯应正常，转换开关应处于"自动"运行模式。

4.在风机控制柜或消防控制室消防联动控制器转换开关处于"自动"运行模式时，按下"启动"按钮，风机应能正常启动并有反馈信号，在排烟口处用纸张进行风向和风量的测试，纸张应能被吸住，按下"停止"按钮，风机应停止运行并有反馈信号。

（三）机械加压送风系统

1.风机的铭牌应牢固，应有注明系统名称和编号的醒目标识；风机与风管连接处应严密，连接材料不应老化和破损且周围不应存放可燃物。

2.风机房内不许堆放杂物，应设置应急照明和消防电话。

3.控制柜应有注明系统名称和编号的醒目标识；仪表、指示灯应正常，转换开关应处于"自动"运行模式。

4.在风机控制柜或消防控制室消防联动控制器转换开关处于"自动"运行模式时，按下"启动"按钮，风机应能正常启动并有反馈信号，在送风口处进行风向和风量的测试，送风口应能明显感觉有风吹出，按下"停止"按钮，风机应停止运行并有反馈信号。

十三、防火卷帘

1.防火卷帘下方不应存在影响卷帘门正常下降的障碍物，周围0.3m范围内不得堆放物品。

2.检查防火卷帘防护罩（箱体）至顶棚、梁、墙、柱之间的空隙，应采用防火封堵材料封堵，并保持完好。

3.防火卷帘控制器应处于无故障的工作状态，手动按下防火卷帘控制器"下行"按钮，卷帘应向下运行平稳并保持顺畅，下降到地面后不应存在缝隙；按下"上行"按钮，观察卷帘上升到高位时应能正常停止；卷帘运行过程中随时按停止按钮，卷帘应停止运行。

十四、消防控制室

1. 疏散门应直通室外或安全出口，开向建筑内的门应采用乙级防火门。

2. 室内应设置应急照明以及外线电话。

3. 应实行24小时专人值班制度，每班不少于2人，值班人员应持有四级（中级）及以上等级证书。

4. 应查阅《消防控制室值班记录》（值班人员应每2小时记录一次值班情况），通过查阅火灾报警控制器的历史信息，对比值班记录，检查值班人员记录火警或故障等信息是否及时。

5. 查阅交接班记录，检查交接班记录是否填写规范，并通过对照笔迹的方式查看是否由本人签字。

6. 火灾报警控制器应设在自动状态，按下火灾报警控制器自检按钮，火灾报警声、光信号应正常，切断火灾报警控制器的主电源，备用电源应自动投入运行。

7. 应询问值班人员是否熟知火灾处置流程。

8. 应存放各类消防资料、台账及火灾报警地址码图。

第三章 医疗机构消防安全管理相关文件

医疗机构消防安全管理九项规定

（2020版）

一、守法遵规，严格执行标准

（一）遵守法律规定。各级各类医疗机构要严格遵守《消防法》《安全生产法》《机关、团体、企业、事业单位消防安全管理规定》等法律法规。

（二）执行相关强制性消防标准。贯彻执行《WS 308医疗机构消防安全管理》和《GA 654人员密集场所消防安全管理》等强制性消防标准。

（三）规范消防行为。建立健全消防安全自查、火灾隐患自除、消防责任自负以及自我管理、自我评估、自我提升的工作机制，全面确保本单位消防安全。

二、落实责任，加强组织领导

（一）落实主体责任。贯彻《国务院关于加强和改进消防工作的意见》、消防安全责任制及实施办法，全面实行"党政同责、一岗双责、齐抓共管、失职追责"制度，落实"管行业必须管安全、管业务必须管安全、管生产经营必须管安全"的要求，建立逐级消防安全责任制，明确各岗位消防安全职责，层层签订责任书。公立医疗机构党政主要负责人，其他医疗机构法定代表人、主要负责人或实际控制人是本单位消防安全第一责任人，对本单位消防安全全面负责。主管消防安全的负责人是单位的消防安全管理人，领导班子其他成员对分管范围内的消防安全负领导责任。

（二）明确责任部门。明确承担消防安全管理工作的机构和消防安全管理人，负责本单位的消防安全管理工作，负责制订和落实年度消防工作计划，组织开展防火巡查、检查、隐患排查和监督整改，加强宣传教育培训、应急疏散演练、督导考核等。按照《医疗卫生机构灾害事故防范和应急处置指导意见》要求，切实做好各项防范和应急处置工作。

（三）履行消防职责。各部门（科室）要履行消防安全主体责任，主要负责人为本部门（科室）消防安全第一责任人，设立消防安全员。全体职工履行岗位消防安全职责，做好本部门（科室）消防安全管理各项工作。

三、防患未然，坚持日常巡查

（一）坚持日常巡查。医疗机构应当明确消防巡查人员和重点巡查部位，每日组织开展防火巡查并填写巡查记录表。住院区及门诊区在白天至少巡查2次，住院区及急诊区在夜间至少巡查2次，其他场所每日至少巡查1次，对发现的问题应当当场处理或及时上报。

各部门（科室）的消防安全员要坚持日巡查并填写记录表。两人以上的工作场所，无值班的部门（科室），每天最后离开的人员要对本部门（科室）相关场所的消防安全进行检查并签字确认。

应当根据实际情况相应加大巡查频次和力度。

（二）突出巡查重点。

1. 用火、用电、用油、用气等有无违章情况；

2. 安全出口、消防通道是否畅通，安全疏散指示标识、应急照明系统是否完好；

3. 消防报警、灭火系统和其他消防设施、器材以及消防安全标识是否完好、有效，常闭式防火门是否关闭，防火卷帘下是否堆放物品；

4. 消防控制室、住院区、门（急）诊区、手术室、病理科、检验科、实验室、高压氧舱、库房、供氧站、胶片室、锅炉房、发电机房、配电房、厨房、地下空间、停车场、宿舍等重点部位人员是否在岗履职；

5. 医疗机构内施工场所消防安全情况。

（三）严格规范消防控制室工作。消防值班人员应当持有消防行业特有工种职业资格证书。消防控制室实行24小时值班制度，每班不少于2人。应当确保自动消防设施处于正常工作状态。接到火警信号后，应当以最快方式进行确认，确认发生火灾后应当确保联动控制开关处于自动状态，同时拨打"119"报警并启动应急处置程序。

四、检查整改，及时消除隐患

（一）开展防火安全检查。每月和重要节假日、重大活动前至少组织1次防火检查和消防设施联动运行测试，建立和实施消防设施日常维护保养制度，对发现的安全隐患和问题立即督促整改。

（二）突出检查重点。

1. 重点工种工作人员以及全体医护人员消防安全知识和基本技能掌握情况；

2. 消防安全工作制度落实情况以及日常防火巡查工作落实情况，之前巡查发现问题的整改情况；

3. 电力设备、医疗设备、办公电器、生活电器管理和使用部门消防安全责任落实情况；

4. 消防设施设备运行和维护保养情况；

5. 消防控制室日常工作情况，消防安全重点部位日常管理情况；

6. 电气线路、燃气管道、厨房烟道等定期检查情况；

7. 病理科、检验科及各种实验室内易燃易爆等危险品的管理情况；

8. 火灾隐患整改和动火管理、临时用电等日常防范措施落实情况；

9. 装修、改造、施工单位向医疗机构的消防安全管理部门备案和签订安全责任书情况。

（三）消除安全隐患。建立消防安全隐患信息档案和台账，形成隐患目录，并在单位内部公示。隐患治理要实行报告、登记、整改、销号的一系列闭环管理，确保整改责任、资金、措施、期限和应急预案"五落实"。

五、划定红线，严禁违规行为

（一）严禁使用未经消防行政许可或者不符合消防技术标准要求的建筑物及场所，严禁违规新建、扩建、改建不符合消防安全标准的构筑物（含室内外装修、建筑保温、用途变更等）。

（二）严禁采用夹芯材料燃烧性能低于A级的彩钢板作为建筑材料。

（三）严禁擅自停用关闭消防设备设施以及埋压圈占消火栓，严禁设置影响疏散逃生和灭火救援的铁栅栏，严禁锁闭堵塞安全出口、占用消防通道和扑救场地。

（四）严禁违反酒精等易燃易爆危险品的使用管理规范，严禁违规储存、使用危险品，严禁在病房楼等人员密集场所使用液化石油气和天然气，严禁违规使用明火，严禁在非吸烟区吸烟。

（五）严禁私拉乱接电气线路、超负荷用电，严禁使用非医疗需要的电炉、热得快等大功率电器。

（六）严禁电动自行车（蓄电池）在室内和楼道内存放、充电。

六、群防群治，狠抓培训演练

（一）医疗机构要加强对全体员工（包括在编人员、学生、实习生、进修生、规培生、合同制人员、工勤人员等）的消防安全宣传教育培训，职工受训率必须达到100%，每半年至少开展1次灭火和应急疏散演练。

（二）应当对新职工和转岗职工进行岗前消防知识培训，对住院患者和陪护人员及时开展消防安全提示。

（三）监督第三方服务公司履行消防安全管理职责，做好消防安全宣传教育培训演练等工作，受训率必须达到100%。

（四）人人掌握消防常识，会查找火灾隐患、会扑救初起火灾、会组织人员疏散逃生、会开展消防安全宣传教育，掌握消防设施器材使用方法和逃生自救技能。

（五）结合老、弱、病、残、孕、幼的认知和行动特点，制订针对性强的灭火和应急疏散预案，明确每班次、各岗位人员及其报警、疏散和扑救初起火灾的职责，并每半年至少演练1次。配备相应的轮椅、担架等疏散工具，对无自理能力和行动不便的患者逐一明确疏散救护人员。

（六）医疗机构消防安全重点单位应当根据需要设立微型消防站，配备必要的人员和消防器材，并定期进行培训和演练。

七、加大投入，改善设备设施

（一）医疗机构要确保消防投入，保障消防所需经费，持续加强人防、技防和物防建设。

（二）持续加大消防安全基础设施建设，按照国家和行业标准配置消防设施、器材，并定期进行维护保养和检测，确保灵敏、可靠，有效运行。主要消防设施设备上应当张贴维护保养、检测情况记录卡。

（三）设有自动消防设施的医疗机构，每年应当至少检测1次。属于火灾高危单位的，应当每年至少开展1次消防安全评估，针对评估结果加强和改进消防工作。

（四）消防设施器材要设置规范醒目的标识，用文字或图例标明操作使用方法，消防通道、安全出口和消防重点部位应当设置警示提示标识。

（五）确保报警系统和应急照明的齐全、灵敏、有效。

（六）推进"智慧消防"建设，促进信息化与消防业务融合，提高医疗机构火灾预警和防控能力。

八、建章立制，加强队伍建设

（一）医疗机构党政领导班子每年专题研究消防安全工作不少于1次，领导班子成员每人每年带队检查消防安全不少于1次。

（二）制定完善消防安全规章制度，及时总结实践中的好经验、好做法，提炼固化为规章制度和操作标准。

（三）对消防工作人员和消防安全员进行经常性的业务培训、岗位培训、法规培训，切实增强消防技能，提高工作水平。

（四）关心爱护消防工作一线人员，不断改善工作环境，依法依规保障和提高薪酬等方面待遇，加大考核培养及交流使用力度。

九、强化管理，严格考核奖惩

（一）医疗机构要认真遵守本规定，自觉接受各级卫生健康行政部门、中医药主管部门和消防救援机构的检查指导，持续加强本单位的消防安全工作。

（二）对本单位发生的火灾事故要如实、及时上报卫生健康行政部门、中医药主管部门以及消防救援机构，不得迟报、瞒报和漏报。

（三）建立风险管理和隐患排查治理双重预防机制，主动研究分析各地各类典型火灾事故案例，深刻汲取经验教训，举一反三，严防类似事故发生。

（四）按照国务院办公厅和国家卫生健康委消防工作相关考核办法，将消防工作情况纳入单位年度考评内容。

（五）科学制定和实施奖励制度，每年对成绩突出的部门和个人进行表扬和奖励。建立消防安全管理约谈机制，对未依法履行职责或违反单位消防安全制度并造成损失的责任人员和部门负责人严肃处理。

医疗机构消防安全管理

1　范围

本标准规定了医疗机构消防安全基本要求和内部特定场所的消防安全要求。

本标准适用于各类医疗机构的消防安全管理。

2　规范性引用文件

下列文件对于本文件的应用是必不可少的。凡是注日期的引用文件，仅注日期的版本适用于本文件。凡是不注日期的引用文件，其最新版本（包括所有的修改单）适用于本文件。

GB/T 5907.1　消防词汇　第1部分：通用术语

GB 20286　　公共场所阻燃制品及组件燃烧性能要求和标识

GB 25201　　建筑消防设施的维护管理

GB 25506　　消防控制室通用技术要求

GB/T 25894　疏散平面图设计原则与要求

GB 50016　　建筑设计防火规范

GB 50222　　建筑内部装修设计防火规范

GA 503　　　建筑消防设施检测技术规程

GA 654　　　人员密集场所消防安全管理

JGJ 49　　　综合医院建筑设计规范

WS 434　　　医院电力系统运行管理

3　术语和定义

GB/T 5907.1、GB 50016、GA 654、JGJ 49和WS 434界定的以及下列术语和定义适用于本文件。

3.1　医疗机构 medical institution

经登记取得《医疗机构执业许可证》，从事疾病诊断、治疗活动的机构。

3.2　消防设施、器材 fire equipment and facility

建筑内设置的用于火灾报警、防烟排烟和灭火救援、人员疏散、逃生等设施、器材的总称。

4　消防安全基本要求

4.1　一般规定

4.1.1　医疗机构应贯彻"预防为主、防消结合"的消防工作方针，落实"政府统一领导、部门依法监管、单位全面负责、公民积极参与"的消防工作原则，提高自防自救能力，保障消防安全。

4.1.2　医疗机构应全面实行"党政同责、一岗双责、齐抓共管、失职追责"制度，建立逐级消防安全责任制，根据机构自身情况设立消防安全管理部门或配备安全管理人员，并研究制订本机构不同层次应对火灾的应急预案。

4.1.3　医疗机构的工作人员应接受消防安全教育培训，了解消防常识、火灾基本知识，提高对火灾的认识，懂得本单位和本岗位工作中的火灾危险性，懂得预防火灾的措施，懂得火灾的扑救方法和火灾时的疏散方法：在火灾时，会报火警（119火警电话），会使用消防器材，会扑灭初起火，会组织逃生和疏散病患及陪护人员。

4.1.4　医疗机构工作人员发现火情时，应立即拨打119电话报警，并同时报告医疗机构值班领导，立即按照应急预案组织灭火和疏散。

4.1.5　医疗机构应通过多种形式开展经常性的消防宣传与培训。在本单位的公众活动场所的明显位置应以图面、视频等形式向患者和陪护家属介绍本机构避难场地及各场所的消防应急疏散方法、路径。通道，宣传火灾危害、防火、灭火、应急疏散等知识。

4.1.6　医疗机构在新建、扩建建筑、建筑装修改造和改变建筑用途时，建筑的防火设计应符合国家现行消防技术标准的要求，并依法办理建设工程消防设计审核手续。施工期间应注意防火，遵守国家及地方有关工程建设消防工作的要求。建成工程应在依法办理消防验收、备案手续后，方可投入使用。

4.1.7　为医疗机构及其建筑物设置的消防车道、建筑间的防火间距和消防车作业场地不应被占用，室外消火栓不应被埋压、圈占。室外消火栓、消防水泵接合器和消防水池的取水口的标识应明显清晰并标示不能被占用的范围，其标示范围内不应停放车辆等影响消防车停靠、取水或供水作业的物体。

4.1.8　建筑内已有的防火分区及其防火分隔物、所设置的消防设施、器材等，不应擅自拆改或移动。室内消火栓箱内的水枪、水带及按钮、消防软管卷盘应齐全、完好、便于取用，无霉变等，接口无损坏、堵塞和锈蚀等现象；室内灭火器的放置位置应醒目、便于取用，数量、规格型号符合本场所的灭火需要。并应定期检查和更换，并有明确标示检查时间和检查人员的标签。

4.1.9　医疗机构建筑内不同区域的明显位置，如人员较集中的位置、疏散走道的墙面上等位置应设置该区域的安全疏散指示图，指示图上应标明疏散路线、安全出口、人员所在位置和必要的文字说明，并应符合CB/T 25894的相关规定。消防应急照明、灯光疏散指示标志和消防安全标识应完好、有效，不应被遮挡。巡查中发现有损坏的，应及时维修、更换。

4.1.10　建筑内的疏散走道、安全出口应保持畅通，疏散门和楼梯间的门不应被锁闭，禁止占用、堵塞疏散走道和楼梯间，安全出口、疏散走道、疏散楼梯和救援窗口上不应安装栅栏；当确需控制人员出入或设置门禁系统时，应采取措施使之能在火灾时自动开启或无需管理人员帮助即能从内部向疏散方向开启。常闭式防火门应保持关闭，且门扇上应有"常闭式防火门，请保持关闭"的明显标识。走道等部位因使用需求设置的常开式防火门，应保证其火实时能自动关闭；自动和手动关闭的装置应完好有效。

4.1.11　医疗机构建筑的内部装修材料和临时装饰性材料或分隔组件的

燃烧性能要求和标识，应符合GB 50222和GB 20286的规定。建筑内部装修确需改变原设计的，应经有关部门核准，不应影响消防设施的正常使用或遮挡消防设施，不应改变疏散门的开启方向或减少安全出口、疏散出口的数量和宽度，影响疏散通行，不应在人员疏散路径上设置镜面等类似装饰物。

4.1.12　医疗机构使用的消防产品，其质量应符合相关国家标准或行业标准的规定。

4.1.13　医疗机构内的消防设施和消防电源，应由具有相应资质的人员或机构按照GB 25201的规定对其进行管理和维护，使其始终处于正常运行状态。维修时，应采取相应的保护措施，并应在维修后立即恢复到正常运行状态。

4.1.14　医疗机构应每年委托具有相关资质的机构对其消防设施进行全面检测，消防设施的检测应符合GA 503的规定。对检测中发现的问题应及时整改，确保消防设施完好有效，检测记录应完整准确并存档备查。属于火灾高危单位的医疗机构，应每年至少开展一次消防安全评估。

4.2　消防安全责任

4.2.1　医疗机构应确定本单位及其各部门的消防安全责任人，并明确各级、各岗位消防安全责任人的职责。各级、各岗位的消防安全责任人应履行各自的消防安全职责。

4.2.2　医疗机构的消防安全第一责任人应由该医疗机构的法定代表人或者主要负责人担任，各部门的负责人是本部门的消防安全责任人。消防安全责任人可以根据需要确定本单位或本部门的消防安全管理人。

4.2.3　医疗机构的消防安全责任人、消防安全管理人、专兼职消防安全管理人员应经过消防安全专门培训。消防控制室值班员和消防设施操作维护人员应经过消防职业培训并持证上岗。安保人员应掌握防火和灭火的基本技能。电气焊工、电工、易燃易爆危险物品操作人员，应熟悉本工种操作过程中的火灾危险性，掌握消防基本知识和防火、灭火基本技能。

4.2.4　医疗机构租赁的建筑物应经消防验收合格；在订立相关租赁合

同时，应依照有关规定明确各方的消防安全责任。当医疗机构向其他机构或个人出租建筑物时，还应明确使用（或租用）人是其使用（或租用）范围的消防安全责任人。

医疗机构与物业管理单位订立物业服务合同时，应依照有关规定明确各方的消防安全责任。物业管理单位应对委托管理范围内的消防安全管理工作负责。

4.2.5 医疗机构的消防安全第一责任人对本单位的消防安全工作全面负责，并应履行下列职责：

a）保障单位消防安全符合规定，掌握本单位的消防安全情况；

b）统筹安排各项活动中的消防安全管理工作，批准实施年度消防工作计划；

c）每年至少组织一次消防安全工作专题会议，听取各项工作汇报；

d）为消防安全管理提供必要的经费和组织保障；

e）确定逐级消防安全责任，批准实施消防安全管理制度和保障消防安全的操作规程；

f）组织防火检查，督促整改火灾隐患，及时处理涉及消防安全的重大问题；

g）根据消防法规的规定建立专职消防队或志愿消防队，并配备相应的消防器材、装备和办公场所；

h）针对本单位的实际情况，组织制订灭火和应急疏散预案，并定期实施演练；

i）建立消防安全工作考评和奖惩制度，赋予消防安全管理部门奖惩和责任追究权利。

4.2.6 医疗机构的消防安全管理人对本单位的消防安全责任人负责，实施和组织落实下列消防安全管理工作：

a）拟订年度消防安全工作计划、消防安全工作的资金预算和组织保障方案，并经消防安全责任人批准，组织实施日常消防安全管理工作；

b）组织制定消防安全管理制度和保障消防安全的操作规程，并检查督促落实；

c）组织实施防火检查和火灾隐患整改；

d）组织实施对本单位灭火设施、灭火器材、消防安全标志、消防疏散指示标志和应急照明灯具等消防设施、器材的维护保养，确保其完好有效和处于正常运行状态，确保疏散走道和安全出口畅通；

e）组织管理专职消防队或志愿消防队，开展日常业务训练；

f）组织从业人员开展消防知识、技能的教育和培训，组织灭火和应急疏散预案的实施和演练；

g）组织实施对各部门、科室消防工作的督导、检查、考核和奖惩；

h）定期向消防安全责任人报告消防安全情况，及时报告涉及消防安全的重大问题；

i）消防安全责任人委托的其他消防安全管理工作；

4.2.7 医疗机构各部门、科室的消防安全责任人应履行下列职责：

a）组织实施本部门、科室的消防安全管理工作计划；

b）明确本部门、科室不同岗位人员的消防安全责任；

c）根据本部门、科室的实际情况开展消防安全教育与培训，制定消防安全管理制度，落实消防安全措施；制订和组织实施本部门、科室的灭火和应急疏散预案；

d）按照规定实施消防安全巡查和定期检查，管理本部门、科室所属的各类功能用房及医疗设备、消防设施、器材等；

e）发现和及时消除火灾隐患；不能及时消除的，应采取相应措施并向上级消防安全责任人报告；

f）发现火情，应立即报警并组织人员疏散和火灾扑救；

g）组织配合各级部门的消防安全检查和考核。

4.2.8 医疗机构的消防控制室值班员应严格遵守消防控制室的各项安全操作规程和消防安全管理制度，并应履行下列职责：

a）熟悉和掌握消防控制室相关设备的功能及操作规程，按照规定测试自动消防设施的功能，保障消防控制室设备的正常运行；

b）接到火灾警报后，应立即核实确认；一旦确认，应迅速将火灾报警联动控制系统置于自动状态（处于自动状态的除外），同时拨打119报警和报告单位值班领导，启动单位内部灭火和应急疏散预案；

c）对故障报警信号应及时确认，并及时排除故障；不能及时排除的，应立即向部门主管人员或消防安全管理人报告；

d）不间断值守岗位，做好火警、故障记录和值班记录。

4.2.9　医疗机构的消防设施操作维护人员应履行下列职责：

a）熟悉和掌握消防设施的功能和操作规程；

b）按照制度对消防设施进行检查、维护和保养，保证消防设施和消防电源处于正常运行状态，确保有关阀门处于正确位置；

c）发现故障应及时排除，不能排除的应及时向部门主管人员报告；

d）做好维护管理记录。

4.2.10　医疗机构的安保人员应履行下列消防职责：

a）按照制度规定进行防火巡查，并做好记录，发现问题应及时报告；

b）发现火情应立即报火警并报告主管人员，按照预案实施灭火和疏散，协助灭火救援；

c）劝阻和制止违反消防法规和消防安全管理制度的行为。

4.2.11　医疗机构的电气焊工、电工、易燃易爆危险物品管理人员（操作人员）应履行下列消防职责：

a）持证上岗，执行有关消防安全制度和操作规程，履行审批手续或出入库手续；

b）落实作业现场的消防安全措施；

c）发生火情立即报火警并实施扑救；

d）动火作业前报告上级管理人员，并到消防管理部门办理动火审批手续。

4.2.12 医疗机构的志愿消防队员应履行下列消防职责：

a）熟悉本单位灭火和应急疏散预案以及本人在志愿消防组织中的职责分工；

b）参加消防业务培训及灭火和应急疏散演练，熟悉防火知识，掌握灭火与疏散技能，熟练使用消防设施、器材；

c）协助本部门、科室负责人做好部门、科室日常消防安全工作，宣传消防安全知识，督促他人共同遵守；

d）发生火灾时立即赶赴现场，服从现场指挥，积极参加扑救火灾、疏散人员、救助伤患、保护现场等工作。

4.3 消防组织

4.3.1 医疗机构应建立消防安全组织，志愿消防队或明确消防安全管理员；根据有关规定设置微型消防站，配备相应消防装备。单位从业人员数量不少于1000人时，志愿消防队员的数量不应少于从业人员数量的10%，其他单位志愿消防队员的数量不应少于从业人员数量的15%；当班志愿消防队员数量占当班总人数的比例不应低于上述要求。

4.3.2 医疗机构的消防安全管理部门，应在消防安全责任人、消防安全管理人领导下负责本单位的消防安全管理工作，负责制定和落实年度消防工作计划、消防安全制度，组织开展防火巡查、检查和隐患排查，加强宣传教育培训、应急疏散演练；确定专（兼）职消防管理人员，具体实施消防安全管理各项工作。

4.4 消防安全制度

4.4.1 医疗机构应结合本单位的特点，建立健全各项消防安全制度和保障消防安全的操作规程，并公布执行。

4.4.2 医疗机构的消防安全管理制度应包括：消防安全教育、培训制度，防火巡查、检查制度，安全疏散设施管理制度，消防（控制室）值班制度，消防设施、器材维护管理制度，火灾隐患整改制度，用火、用电安全管理制度，易燃易爆危险物品和场所防火防爆制度，易燃、易爆危险物品及其使用和存放场所的防火、防爆制度，专职和志愿消防队的组织管理制度，灭火和应急疏散预案演练制度，燃气和电气设备的检查和管理（包括防雷、防静电）制度，消防安全例会制度，消防安全工作考评和奖惩制度，消防安全管理档案管理制度和其他必要的消防安全管理内容。

4.4.3　消防安全教育、培训制度应包括下列内容：

a）利用录像、板报、宣传画、标语、授课、测试、演练等形式，进行消防安全宣传普及教育；

b）对住院患者和陪护人员在入住院和日常巡查时开展经常性的消防安全提示；

c）对新上岗和进入新岗位的工作人员进行上岗前消防安全培训的时间和培训内容要求；

d）对医疗机构内从事安装、施工的外单位现场负责人和相关施工人员进行上岗前消防安全教育的要求；

e）定期组织开展消防安全活动，分析消防安全情况，学习有关规定和消防安全知识；

f）对工作人员定期进行消防安全知识教育。

4.4.4　防火巡查、检查制度应包括下列内容：

a）落实具体岗位的巡查和检查的人员，确定其巡查和检查的内容和要求；

b）规定每日防火巡查的要求和加强夜间防火巡查的要求；

c）规定防火巡查和检查时应填写的巡查、检查记录与要求。巡查和检查人员及其主管人员应在记录上签名；

d）巡查、检查中负有及时纠正违法、违章行为，消除火灾隐患的责任；要求无法当场整改的，应立即报告，并记录存档；

e）确定防火巡查时发现火情的处置程序和要求。

4.4.5　安全疏散设施管理制度应包括下列内容：

a）确定疏散门、安全出口门、疏散通道、避难区或避难场地、疏散楼梯或疏散楼梯间等安全疏散设施管理的责任人，明确规定安全疏散设施定期检查周期及其维护要求；

b）要求消防应急照明、灯光疏散指示标志和消防安全标识应完好、有效，不被遮挡，及时维修、更换破损部件，纠正不正确的标识；

c）根据本单位实际情况制定确保建筑内的疏散门和楼梯间的门不被锁闭，疏散走道和楼梯间不被占用、堵塞的措施。

4.4.6 消防（控制室）值班制度应包括下列内容：

a）按月制定工作人员值班表；

b）消防控制室实行24小时值班制度，每班不少于2人，值班人员应持证上岗，并认真填写值班记录；

c）工作人员的交接班要求，并应要求接班人员未到岗前值班人员不得擅自离岗；

d）值班人员应坚守岗位，不应脱岗、替岗和睡岗，禁止值班前或在值班时饮酒或进行娱乐活动。接到火灾报警信号，应立即查看和确认，并采取相应处置措施；

e）禁止消防控制室内存放与建筑消防安保监控无关的设备和物品，保证室内环境满足设备正常运行的要求；应规定无关人员不得进入消防控制室，禁止非操作人员操控消防设备；

f）消防控制值班室应具备GB 25506规定的资料。

4.4.7 消防设施、器材维护管理制度应包括下列内容：

a）确定建筑室内外消火栓、水泵接合器、灭火器以及自动灭火系统、防排烟设施、火灾自动报警系统和消防电梯、空气呼吸器、疏散应急照明灯具等消防设施、器材的管理人员，明确规定消防设施定期检查周期及其维护要求；

b）确定室外消火栓、消防水泵接合器和消防取水口周围的消防车停靠场地不被占用的措施；

c）规定管理人的相关责任；

d）建立消防设施、器材的维护管理档案；

e）消防设施、器材除扑救火灾使用外，不得挪作他用；如因特殊情况需动用消防设施、器材的，应事先经申报批准。

4.4.8　火灾隐患整改制度应包括下列内容：

a）及时消除火灾隐患的程序、要求和责任人。对违反消防安全规定的行为，应责成有关人员当场改正并督促落实；对不能当场改正的火灾隐患，应及时向消防安全管理人或者消防安全责任人报告，提出整改意见；

b）消防安全管理人或消防安全责任人应确定整改的措施、期限和相关整改资金的落实等要求；

c）确定火灾隐患未消除前，如何采取加强防范措施的要求。火灾隐患整改完毕，负责整改的部门或人员应将整改情况记录报送消防安全管理人签字确认后存档备查；

d）对消防机构责令限期整改的火灾隐患，应在规定的期限内改正并写出火灾隐患整改复函，报送消防机构。

4.4.9　用火、用电安全管理制度应包括下列内容：

a）明确用火、动火管理的责任部门和责任人，用火、动火的审批范围、程序和要求以及电气焊工的资质要求；

b）电气线路敷设、电气设备安装和维修人员应具备的职业资格要求，不得私自设置临时用电线路和设备；

c）定期检查、维修各种用火、用电、用气设备的要求，禁止带故障运行或使用；

d）对于新增用火、用电设备的使用要求。应要求办理报批手续，经检查验收合格后方可使用。

4.4.10　易燃、易爆危险物品及其使用和存放场所的防火、防爆制度应包括下列内容：

a）根据国家关于易燃易爆危险物品的安全管理规定，制定本单位易燃易爆危险品的存放位置、用量或储备量、存放和使用环境等使用、储存易燃易爆危险品的具体要求，未经培训或培训不合格的人员不应从事操作和保管；

b）明确易燃、易爆危险物品领取登记和清退的程序、要求，明确易燃、易爆危险物品管理的责任部门和责任人；

c）明确易燃、易爆场所应采取的防火、防爆措施和应急方法及应急器材要求，做好防火、防爆设施的维护保养的要求。

4.4.11　专职和志愿消防队的组织管理制度应包括下列内容：

a）明确专职和志愿消防队的人员组成以及管理部门；

b）规定专职消防队员每月进行一次培训和志愿消防队员每季度进行一次培训的相关要求；

c）规定专职和志愿消防队每半年进行一次灭火和应急疏散演练的要求；

d）规定专职和志愿消防队员的职责，并要求应服从管理部门的统一调度、指挥；

e）专职和志愿消防队应根据人员变化情况及时进行人员调整、补充。

4.4.12　灭火和应急疏散预案演练制度应包括下列内容：

a）规定灭火和应急疏散预案演练的组织，并至少应由消防安全责任人、管理人、部门负责人等组成灭火和应急疏散预案演练的领导小组；

b）明确至少每半年组织一次灭火和应急疏散演练，使工作人员熟悉灭火和应急疏散预案、熟悉灭火方法和疏散、逃生的方法与路径，并通过演练逐步修改完善预案。灭火和应急疏散演练方案宜报告当地消防机构，争取其业务指导；

c）在灭火和应急疏散演练前，应发布演练通知并熟悉演练内容与程序；演练时，应在建筑入口等显著位置设置"正在消防演练"的标志牌，避免引起慌乱；演练结束后，应进行总结，并做好记录；

d）灭火和应急疏散演练应确保患者安全、保障正常医疗秩序，并确保演练任务的实用性、适用性、可行性和有效性；

e）在模拟火灾演练中，应落实火源及烟气的控制措施，防止造成人员伤害。

4.4.13　燃气和电气设备的检查和管理制度应包括下列内容：

a）规定电气设备和线路定期检修的要求，要求发现问题及时报告、及时处理；

b）规定每年对避雷装置进行全面检测、对防静电设施进行定期检测的要求和方法；

c）规定使用燃气和电气设备的有关人员定期进行教育培训，提高消防安全意识的要求和措施；

d）规定对燃气设备和燃气管道进行定期检查的要求和方法，对检查的结果应记录存档。

4.4.14　消防安全例会制度应包括下列内容：

a）医疗机构每半年至少应召开一次消防安全例会。会议内容应以研究、部署、落实本单位的消防安全工作计划和措施为主。如涉及消防安全的重大问题，应随时组织召开专题性会议；

b）消防安全例会应由消防安全责任人主持，有关人员参加，并应形成会议纪要或决议下发有关部门并存档；

c）会议应听取消防安全管理人员有关消防情况的通报，研究分析本单位的消防安全形势，对有关重点、难点问题提出解决办法，布置下一阶段的消防安全工作；

d）涉及消防安全的重大问题召开的专题会议纪要或决议，应报送当地消防机构，并提出针对性解决方案和具体落实措施；

e）本单位如发生火灾事故，事故发生后应召开专门会议，分析、查找事故原因，总结事故教训，制定整改措施，进一步落实消防安全责任，防止事故再次发生。

4.4.15　消防安全工作考评和奖惩制度应包括下列内容：

a）确定消防工作奖惩条件、标准和具体实施办法；

b）对消防工作成绩突出的部门和个人应给予表彰和奖励；

c）对未依法履行职责或违反单位消防安全制度的责任人员和部门负责人应进行处罚。

4.4.16 消防安全管理档案制度应包括下列内容：

a）明确消防档案的制作、使用、更新及销毁的要求及其管理责任人；

b）消防档案应包括消防安全基本情况和消防安全管理情况；

c）消防档案应翔实，全面反映消防工作的基本情况，并附有必要的图表，根据情况变化及时更新；

d）单位应当规定专人统一保管消防档案。

4.5 日常巡查和检查

4.5.1 医疗机构应明确巡查人员和重点巡查部位，每日组织开展防火巡查，住院区及门诊区在白天应至少两次，住院区及急诊区在夜间应至少两次，其他场所每日应至少一次。对巡查发现的问题应当场处理，或及时上报。

4.5.2 医疗机构重点巡查内容应包括：

a）用火、用电、用油和用气有无违章情况；

b）安全出口、疏散走道是否畅通，安全疏散指示标志、应急照明是否完好；消防车道、消防车登高操作场地是否被占用；

c）消防设施、器材和消防安全标志是否在位、完好；

d）常闭式防火门是否处于关闭状态，防火卷帘设置部位是否存在堆放物品等影响防火卷帘正常工作的情形；

e）消防控制室、住院部、门诊部、药品库房、实验室、供氧站、高压氧舱、锅炉房、配电房、地下空间、停车场、宿舍等重点部位人员是否在岗，发电机房、消防水泵房、胶片室等无人值守岗位是否落实每日安全检查；

f）施工场所的消防设施器材配置与防火保护等消防安全情况。

4.5.3 医疗机构每月和重要节假日、重大活动前应至少组织一次防火检查和消防设施联动运行测试，建立和实施消防设施日常维护保养制度。

对发现的安全隐患和问题应立即督促整改。

4.5.4　医疗机构重点检查内容应包括：

a）消防安全工作制度落实情况，日常防火巡查工作落实情况；

b）重点工种工作人员以及全体医护人员消防安全知识和基本技能掌握情况；

c）消防控制室日常工作情况，消防安全重点部位日常管理情况；

d）消防设施运行和维护保养情况，电气线路、燃气管道定期检查情况；

e）火灾隐患整改和日常防范措施落实情况；

f）装修、改造、施工单位向消防安全管理部门备案和安全责任书签订情况。

4.5.5　巡查、检查中发现的火灾隐患应按以下程序予以消除：

a）对可以立即消除的火灾隐患，发现人应通知存在隐患的部门、岗位负责人立即采取措施消除；

b）对无法立即消除的火灾隐患，发现人应立即报告消防安全管理部门或消防安全管理人，由消防安全管理部门或消防安全管理人研究确定隐患消除措施、组织制订隐患消除计划；由消防安全管理人领导、消防安全管理部门落实隐患整改所需的各项保障；

c）对确实无法消除的火灾隐患，消防安全责任人或消防安全管理人应决定存在火灾隐患的部门或岗位是否立即停止产生火灾隐患的生产经营行为。对立即停止可能产生更大火灾隐患的生产经营行为，由消防安全管理部门或消防安全管理人负责组织制订停止工作计划，并负责监督落实；

d）隐患未完全消除期间，存在火灾隐患的部门、岗位应采取有效措施，预防火灾发生；

e）隐患消除后，消防安全管理部门或消防安全管理人应组织复查，以确认火灾隐患消除。

4.6　火灾危险源管理

4.6.1　医疗机构内的用火管理应符合以下规定：

ａ）电气焊等明火作业前，实施动火的单位和人员应按照制度规定办理动火审批手续；

ｂ）医疗机构施工管理部门及实施动火的单位应有专人负责作业现场的防火工作；

ｃ）明火作业前，应清除作业现场的易燃、可燃物，配置灭火器材，落实现场监护人和防火分隔等安全措施；

ｄ）明火作业后，作业现场负责人应检查现场有无遗留火种及未燃尽的物品；

ｅ）在本标准第5.1.1条规定的容易发生火灾的部位，除锅炉房外，禁止擅自动用明火。

4.6.2　医疗机构内的用电管理应符合以下规定：

ａ）定期检查、检测电气线路、设备，及时维修或更换有故障的线路和设备；建立并执行新增用电负荷审批制度，禁止过负荷、超使用年限运行；

ｂ）建筑内应按规定和审批搭接电线或增加用电设备，禁止私自安装电闸、插座、变压器等；电气线路连接和设备安装应由具备职业资格的电工或供电专业单位负责按规定敷设线路、接线、安装；

ｃ）插线板不得用于超额定容量的电器；

ｄ）在室内使用高温或明火电气设备或电器时，应有专人监护。

4.6.3　医疗机构内的用气管理应符合以下规定：

ａ）燃气管道及器具的安装、调试应由具有相关安装资质的单位、人员进行，不应私自拆除、改装、迁移、安装、遮挡或封闭燃气管道及器具；

ｂ）定期检查燃气管道及器具，每年更换一次胶管；

ｃ）定期校验气体泄漏报警装置；

ｄ）使用燃气时应有人看管，保持室内通风良好；

ｅ）使用燃气前，应确认燃气具的开关在关闭的位置上，使用后应关断气源。

4.6.4　医疗机构内易燃、易爆危险物品的使用和保存应符合以下规定：

a）存放易燃、易爆危险物品的场所宜独立设置，并应符合国家相关标准的规定；

b）应配置专人负责管理易燃、易爆危险物品；

c）易燃、易爆危险物品入库前应进行检查，发现包装破损、跑冒滴漏现象的禁止入库；

d）易燃、易爆危险物品的贮存应按性质分类存放，并设置明显的标志，注明品名、特性、防火措施和灭火方法；

e）存放易燃、易爆危险物品的房间和正在使用易燃、易爆危险物品的实验室等场所，严禁动用明火和带入火种，工作人员不应穿带钉子、铁掌的鞋和化纤衣服，非工作人员严禁进入；

f）各部门应按使用计划数领取易燃、易爆危险物品，并根据需要限量使用，且由专人管理，集中存放；

g）易燃、易爆危险物品使用后的废弃物应集中分类存放于安全区域，贴好标签，并交由指定部门统一处置。

4.7　灭火和应急预案

4.7.1　灭火和应急疏散预案应包括下列内容：

a）应急组织及其构成、指挥协调机制；

b）应急物资准备和存放地点；

c）火灾现场通信联络、灭火、疏散、救护、保卫等职能小组的负责人、组成人员及各自职责；

d）火警处置程序；

e）应急疏散的组织、疏散程序和保障措施，疏散人员的集散场地，特别是重症病人和骨伤科病人等的疏散与防护方法和程序等要求；

f）火灾扑救的程序和措施、方法；

g）通信联络、安全防护和人员救护的组织与调度程序和保障措施。

4.7.2　各职能组应由值班的消防安全管理人、部门主管人员、消防控制室值班人员、安保人员、志愿消防队及其他在岗的从业人员组成，其职责如下：

a）通信联络组：负责与消防安全责任人和当地消防机构之间的通信和联络，保障通信联络顺畅；

b）灭火组：发生火灾立即利用消防设施、器材组织扑救；

c）疏散组：负责引导人员正确、快速疏散、逃生，协助行动不便者疏散；

d）救护组：协助抢救、护送受伤人员；

e）保卫组：阻止与场所无关人员进入现场，保护火灾现场，并协助消防机构开展火灾调查；

f）后勤组：负责抢险物资、器材器具的供应及后勤保障。

4.7.3　确认发生火灾后，医疗机构应立即启动灭火和应急疏散预案，并同时开展下列工作：

a）向消防机构报火警，报警人员在报警时应说清着火地点、部位、燃烧物品、火灾状况等；

b）消防安全责任人担负消防队到达之前指挥各职能小组开展灭火和应急疏散等工作；

c）消防控制室接到报警后应关闭空调系统，开启排烟风机，将消防电梯降至首层；进行火灾事故广播，稳定病人和现场人员情绪，组织引导人员有序疏散；

d）灭火组人员带好灭火器具，扑救初起火灾；

e）保卫组人员应在着火建筑物的出入口处设立警告标志，阻止无关人员进入；消除路障，劝阻无关人员、车辆离开现场，维持好建筑物外围秩序，为消防队到场展开灭火创造有利条件；

f）医务人员应组织病人和现场人员疏散、转移。

4.7.4　在发现火灾的1分钟内，相关人员应开展下列应急处置工作：

a）消防控制室值班人员接到控制设备报警显示后，应首先在系统报警点位置平面图中核实报警点所对应的部位；

b）消防控制室值班人员接到报警后立即通知安保人员及距离报警部位最近的工作人员持通信工具、灭火器和防毒面具，迅速赶到报警部位核实情况，发现火警立即处置；

c）安保人员和距离报警部位最近的工作人员负责到现场核实火情和进行灭火，并向消防控制室报告着火的准确部位、燃烧物质等情况；

d）到场人员应做好个人防护，如果火势较大，未能控制，应立即呼叫增援力量。

4.7.5　在发现火灾的3分钟内，相关人员应开展下列应急处置工作：

a）安保人员等工作人员现场核实报警部位确实起火后，应立即通知消防控制室，消防控制室值班人员应确认系统联动控制装置处于自动状态，同时立即拨打电话"119"报警，说明发生火灾的单位名称、地点、起火部位、联系电话、燃烧物质等基本情况；

b）消防控制室值班人员应通知值班领导，值班领导立即组织灭火救援力量在3分钟内赶赴现场，按任务分工进行处置；

c）灭火组就近占据室内消火栓进行灭火；救护组到现场搜救和救护伤员；疏散组逐个房间搜救、引导人员疏散；保卫组设置警戒区域，避免无关人员进入现场，同时负责接应消防队到场。

4.7.6　在发现火灾的5分钟内，相关人员应开展下列应急处置工作：

a）现场火势较大，消防队还没有到达现场时，应组织志愿消防队员到现场增援进行灭火；

b）消防队到场后，医疗机构值班领导应主动汇报现场情况，协助消防队做好警戒、疏散、灭火、配合、救护等工作；

c）消防控制室值班人员应准备好各楼层的平面布置图，医疗机构安排人员接应消防队快速到达火灾现场。

4.7.7　发生火灾后，医疗机构应按下列要求开展应急疏散：

a）首先利用应急广播系统稳定被困人员情绪，防止惊慌拥挤；

b）组织疏散小组，组织病人和现场人员疏散、转移，对于能够自主行动的病人，应引导其按确定的路线疏散；对于不能自主行动或者由于病情严重不能移动的病人，由医务人员和救护组人员按既定方案疏散、转移。在疏散、转移过程中应采取必要的防护、救护措施；

c）在发生人流堵塞的情况下，应迅速安排人员采取有力措施进行疏散或避难；

d）当安全出口受到烟雾或高温的威胁时，应采用消防卷盘或水枪降温等方式，保护疏散人员安全；

e）对受伤或无法自行疏散的被困人员，应组成救护组直接抢救，或组织被困人员互救；

f）屋顶发生局部塌落时，在保证安全前提下，应迅速组织经过训练的志愿消防队员，利用水枪掩护深入火场，救助被困人员；

g）当消防队到达现场后，现场消防指挥应向消防队负责人报告火灾现场的情况，移交指挥权并服从专业指挥。

4.8　消防安全教育培训

4.8.1　医疗机构每年应至少组织工作人员开展一次消防安全教育培训，新上岗和进入新岗位的工作人员必须经过岗前消防培训，培训合格后方可上岗，培训内容包括：

a）检查消除火灾隐患的能力、组织扑救初起火灾的能力、组织人员疏散逃生的能力、消防宣传教育培训的能力的相关知识；

b）扑灭初起火灾的技能，懂得灭火器、防毒面具、消防水带、消防软盘、手动报警按钮、防火卷帘、常闭式防火门等的消防设施、器材的运用；

c）本岗位消防安全职责和岗位火灾危险性及防范措施。

4.8.2　医疗机构每年应组织管理人员开展一次消防安全教育培训，培训内容除4.8.1规定的内容外，还包括：

a）单位整体情况，如建筑类别、建筑层数、建筑数量、建筑面积、功能分布、建筑内单位数量消防设施等；

b）单位人员组织架构、应急指挥架构；

c）单位所有消防安全管理制度，应急处置预案内容。

4.8.3 医疗机构每月应组织安保人员开展一次消防安全教育培训，培训内容包括：

a）单位消防安全管理制度，尤其是火灾应急处置预案分工；

b）燃气管道关阀切断和发现、排除火灾隐患的技能，防火巡查、检查要点、重点部位、场所的防护要求；

c）建筑消防设施、安全疏散设施，如消防车道、消防车登高操作场地、疏散楼梯、疏散走道、消防电梯、消防控制中心、安全出口等设置位置及基本常识；

d）灭火救援、疏散引导和简单医疗救护技能；

e）防火巡查、检查记录表填写方法。

4.8.4 医疗机构每季度应组织工程人员开展一次消防安全教育培训，培训内容包括：

a）排除简单消防设施、器材故障的技能；

b）发电机、排烟风机、送风机、消防水泵、消防卷帘、消防水炮、防火卷帘、湿式报警阀、雨淋阀、防火幕等设施的应急启动技能；

c）单位建筑内各类进出水管阀门所在位置及开启要求；

d）燃气管道关阀、切断的技能；

e）切断着火区域氧气供应的技能；

f）组织引导人员疏散、灭火救援的技能；

g）消防设施月或季检查记录表填写方法。

4.8.5 医疗机构至少每半年应组织消防控制室操作人员开展一次消防安全教育培训，培训内容包括：

a）消防控制设备的操作方法；

ｂ）火灾事故紧急处置流程；

ｃ）消防控制室值班记录表填写方法；

ｄ）单位基本情况，如建筑情况（建筑类别、建筑层数、建筑数量、建筑面积、功能分布、建筑内单位数量）、消防设施设置情况（设施种类、分布位置、水泵房和发电机房等重要功能用房设置位置、室外消火栓和水泵接合器安装位置）等。

5　特定场所消防安全要求

5.1　基本要求

5.1.1　医疗机构应将下列部位确定为消防安全重点部位：

ａ）容易发生火灾的部位，包括药品库房、实验室、供氧站、高压氧舱、胶片室、锅炉房、厨房、被装库、变配电室等；

ｂ）发生火灾时危害较大的部位，包括住院部、门诊部、急诊部、手术部、贵重设备室、病案资料库等；

ｃ）对消防安全有重大影响的部位，包括消防控制室、固定灭火系统的设备房、消防水泵房、发电机房等。

5.1.2　消防安全重点部位应设置明显的标志，标明"消防安全重点部位"及其消防安全责任人，落实相应管理规定，并应符合下列规定：

ａ）根据实际需要配备相应的灭火器材、装备和个人防护器材；

ｂ）制定和完善事故应急处置操作程序；

ｃ）每日进行防火巡查，每月定期开展防火检查。

5.2　门诊部与急诊部

5.2.1　使用乙醚、酒精、胶片等易燃、易爆危险物品的科室应严格执行危险品领取登记和清退制度，按照操作规程取用和存放，避免邻近或接触热源或被阳光直射。

5.2.2　导诊、挂号、收费、取药等部位应合理布置，避免人员聚集，影响人员疏散。

5.2.3　候诊区应通过张贴图画、视频等形式向候诊人员宣传防火、灭火和安全疏散、应急逃生等消防知识。

5.3　手术部及手术室

5.3.1　医院手术部使用的酒精、麻醉剂（如乙醚、甲氧氟烷、环丙烷）等易燃、易爆危险物品，应严格执行危险品领取登记和清退制度。

5.3.2　在对病人进行麻醉的场所应有良好的局部通风。

5.3.3　应组织专业人员对手术部的电气设备及过滤器进行定期检查，并及时更换老化的电气线路和损坏的电气插座、电感整流器等。

5.3.4　激光、电刀、电锯、电钻、除颤器、纤维光导光源等医疗设备应由专业人员负责维修、保养，操作时应远离易燃物品，剑突以上部位手术时应将含有酒精的皮肤消毒剂擦拭干净后再进行操作；操作时应尽量调低吸氧浓度，当吸氧浓度在5L/min~10L/min时应使无菌巾下的氧气自由流动，以免蓄积，能够暂停吸氧的在操作前应暂停吸氧。

5.3.5　手术部不使用时，应关闭电源和供氧设施。

5.3.6　手术部应与医疗机构的其他场所采取有效的防火分隔措施，减小其他场所火灾对手术部的影响。

5.4　病房、重症监护室

5.4.1　病房内的房门或床头及病房公共区域的明显位置应设置安全疏散指示图，指示图上应标明疏散路线、疏散方向、安全出口位置及人员所在位置和必要的文字说明。

5.4.2　医务人员应向新住院或观察治疗的病人介绍本区域的疏散路径及安全疏散、应急逃生常识。

5.4.3　超过2层的病房内应配备一定数量的防护面罩、应急照明设备、辅助逃生设施及使用说明。

5.4.4　行动不能自理或行动不便患者的病房宜设置在四层以下楼层。

5.4.5　治疗用的仪器设备应由专人负责管理和使用；不使用时，应切断电源。红外线、频谱等电加热器械，应与窗帘、被褥等可燃物保持安全距离。

5.4.6　护士站内存放的酒精、乙酸等易燃、易爆危险物品应由专人负责，专柜存放，并应存放在阴凉通风处，远离热源、避免阳光直射。严格执行危险品领取登记和清退制度，禁止超额储存。

5.4.7　禁止在病房内做饭、烧水；除医疗必须使用外，病房内不应使用电炉、石英取暖器等高温设备。

5.4.8　不应擅自改变病房内的电气设备或在病房的线路上加接电视机、电风扇等电气设备。

5.4.9　病房内不应堆放纸箱、木箱等可燃物，用过的纱布、棉球等应暂存在指定地点，并定时清理。

5.4.10　病房内的通道以及公共走道应保持畅通，不应堆放物品。

5.4.11　重症监护室应自成一个相对独立的防火分区，通向该区的门应采用甲级防火门。

5.4.12　病房、重症监护室宜设置开敞式的阳台或凹廊、窗口、阳台等部位不应设置影响逃生和灭火救援的栅栏。

5.5　药品库房、制剂室

5.5.1　药品库房应设在独立建筑内或建筑内的独立区域内，与其他场所应采取防火分隔措施。

5.5.2　药品库房内不应设置休息室、办公室，值班室夜间不应留人住宿。

5.5.3　药品应分类存放，酒精等易燃、易爆危险物品应储存在危险品库内，禁止储存在地下室内，不应与其他药品混存。

5.5.4　药品库房内的升降机严禁载人，其附近不应堆放纱布、药箱等可燃物。

5.5.5　药品库房中采用堆垛方式存放的中草药，应采取定期翻堆散热等措施防止自燃。

5.5.6　未经允许，非工作人员不得进入危险品库房。危险品进出库房应轻拿、轻放。零散提取危险品时，应在库房外进行，严禁在库房内开启包装物，如开桶、开箱、开瓶等。

5.5.7 药品库房内明敷电气线路时，应穿金属管或敷设在封闭式金属线槽内，堆放的药品应与电闸、电气线路保持安全距离。药品库房内宜采用低温照明灯具。

5.5.8 设置在制剂室内的电炉、恒温箱、烤箱等用于制剂的电器。应由专人负责在固定地点使用。

5.5.9 制剂室应严格执行危险品领取登记和清退制度，每天工作完毕后应清理现场，及时清除药渣等废弃物。

5.6 病案资料库

5.6.1 库房内温度应适宜，当温度较高时应采取降温措施。

5.6.2 库房内不应吸烟及动用明火，不应使用卤钨灯、碘钨灯及60瓦以上的白炽灯等移动照明灯具。

5.6.3 库房内部及周边应保持干净整洁，库房内不应堆放与病案无关的杂物。

5.6.4 库房内灯具、电闸和电气线路应与病案保持安全距离。

5.6.5 工作人员离开库房时应检查各类设备电源，并关闭全部照明。

5.7 实验室

5.7.1 实验室应严格执行易燃、易爆危险物品领取登记和清退制度，禁止超额储存。

5.7.2 实验使用的汽油、酒精等易燃危险品，乙醚、丙酮等自燃危险品，乙炔、氢气等爆炸危险品及其他危险品应存放在指定位置，并远离热源和可燃物，避免阳光直射。

5.7.3 自燃危险品应单独存放，不应与其他试剂混放，且应放置在阴凉通风处。

5.7.4 实验室不应随意乱接电线，擅自增加用电设备，严禁私自安装电闸、插座、变压器等。当工作需要时，应由具有相应资质的人员或机构负责接线、安装。

5.7.5 实验室仪器设备应由专人负责管理，应经常检修线路，防止老化和漏电。

5.8 供氧站、用氧部位

5.8.1 供氧站、高压氧舱等用氧部位，应明确岗位消防安全职责，严格执行安全操作规程。

5.8.2 供氧站与热源、火源和易燃、易爆场所的距离应符合国家相关标准的规定。

5.8.3 供氧、用氧设备及其检修工具不应沾染油污。

5.8.4 供氧站内的氧气空瓶和实瓶应分开存放，应由工作人员负责瓶装氧气的运输。氧气灌装应由具备相应资质的人员操作，不应在供氧站内灌装氧气袋。

5.8.5 病房内氧气瓶应及时更换，不应积存。采用管道供氧时，应经常检查氧气管道的接口、面罩等，发现漏气应及时修复或更换。

5.8.6 高压氧舱排氧口应远离明火或火花散发地点。

5.9 放射机房

5.9.1 机房内严禁存放可燃、易燃物品。

5.9.2 机房应有足够的空间保证空气流通和机器散热。

5.9.3 机房使用酒精、汽油等易燃液体进行消毒和清洗污物时，应打开门窗通风。

5.9.4 电器设备应正式安装，电缆变压器的负载、容量应达到规定的安全系数。中型以上的诊断用X线机，应设置专用的电源变压器。

5.9.5 机器及其设备部件应有良好的接地装置。

5.9.6 X线机的电缆应敷设于封闭的电缆沟内，移动电缆的弯曲度不宜过大；地表走线部位应进行垫衬，高压插头与插座之间的空隙应采用绝缘材料填充。

5.9.7 高压发生器及机头不应随意打开观察窗口和拧松四周的固定螺丝。

5.9.8 工作人员在工作中应经常察听高压发生器或机头是否有异常声响，如有放电声，应立即停止使用并进行检查维修。

5.9.9 核磁共振机房宜配置无磁性清洁剂灭火器。

5.10 锅炉房

5.10.1 应按相关规定定期检修锅炉。点火前，应测试锅炉安全阀，发现问题应及时检修。

5.10.2 锅炉周围应保持整洁，不应堆放木材、棉纱等可燃物。

5.10.3 不应向锅炉的炉膛内投烧废旧物品。

5.10.4 应每年检修一次动力线路和照明线路，明敷线路应穿金属管或封闭式金属线槽，且与锅炉和供热管道保持安全距离。

5.10.5 对于燃煤锅炉，应每日清运炉渣到指定地点，并用水浇湿。

5.10.6 对于燃油、燃气锅炉房，应定期检查供油供气管路和阀门的密封情况，并保持良好通风。设有可燃气体报警装置的锅炉房，应察看可燃气体报警装置的工作状态是否正常。

5.11 厨房

5.11.1 厨房应保持清洁，染有油污的抹布、纸屑等杂物，应随时清除。灶具旁的墙壁、抽油烟罩等易污染处应每天清洗，油烟管道应至少每两个月清洗一次。

5.11.2 油炸食品时，锅里的油不应超过油锅的三分之二，并留意避免水滴和杂物掉进油锅；油锅加热时应采用温火。

5.11.3 厨房工作人员进行加热、油炸等操作时不应离开岗位。

5.11.4 厨房内的燃气燃油管道、法兰接头、阀门应定期检查，非专业人员不得擅自接、改拆电线、煤气管道和电源、气源。如发现燃气燃油泄漏，应立即关闭阀门，及时透风，并严禁使用任何明火和启动电源开关。

5.11.5 厨房内的燃气应集中管理，距灯具等明火或高温表面应有足够的间距。

5.11.6 厨房内电器设备的线路应正式安装，不得增加容量，不得超负荷或过载运行。

5.11.7 餐厅建筑面积大于1000m²的食堂，其烹饪操作间的排油烟罩及烹饪部位应设置自动灭火装置，并应在燃气或燃油管道上设置与自动灭火装置联动的自动切断装置。

5.11.8 厨房内应配备石棉毯、干粉灭火器等，并应放置在明显部位。

5.11.9 厨房工作人员下班时，应认真检查厨房区域安全情况，切断电源，拔出厨房机械、电器插头（冷柜除外），关闭燃油燃气阀门，并做下班安检记录。

5.12 变配电室

5.12.1 室内应保持整洁，不应存放木箱、纸箱等可燃物。

5.12.2 应定期检修变压器和配电盘，察看线缆接头等部位的接触或温度情况，做好防护措施。

5.13 消防控制室

5.13.1 消防控制室应保证有容纳消防控制设备和值班、操作、维修工作所必需的空间，并配置相配套的设施。

5.13.2 消防控制室应有直通室外的出口，控制室的入口处应设置明显的标志。

5.13.3 消防控制室应确保消防设施及各种联动控制设备处于正常工作状态。

5.13.4 消防控制室应能显示高位消防水箱、消防水池、气压水罐等消防储水设施的最低水位信息，消防泵出水管阀门、自动喷水灭火系统管道上阀门的开关状态信息，消防电源状态信息；如储水量低于最低水位、常开的供水控制阀门处于关闭状态、消防电源故障等应能显示并发出报警信号；应确保消防水系、排烟风机、防火卷帘等消防用电设备的配电柜开关处于自动（接通）位置。

第二部分
学校消防安全检查

第一章　学校主要火灾风险

学校是指根据国家规定的教育方针和培养目标，有组织、有计划地对青少年或成年人进行系统教育的机构。学校主要火灾风险如下：

第一节　起火风险

一、明火源风险

1. 违规吸烟，随意丢弃未熄灭的烟头。

2. 违规使用明火、点蜡、点蚊香等。

3. 厨房使用明火不慎、油锅过热起火；临时增设灶台使用明火。

4. 电焊、气焊、切割等明火作业人员无证操作或违反操作规程操作或超过规定时间和范围动用明火。

5. 实验室违规使用酒精灯、煤气灯、酒精喷灯等用火不慎行为。

二、电气火灾风险

1. 选用或购买不符合国家标准的插座、充电器、用电设备等电器产品；违规使用热得快、电热毯、电热杯、电磁炉等大功率电气设备。

2. 电动汽车、电动自行车、电动摩托车及其蓄电池违规在建筑门厅、楼梯间、共用走道等室内公共区域停放、充电。

3. 除必须通电的电器外，在人员长时间离开时未进行关机断电，使其长时间通电过热或发生故障；手机、充电宝等电子设备长时间充电或边充电、边使用的行为。

4. 电线未做穿管保护直接穿过或敷设在易燃可燃物上以及炉灶等高温部位周边；电气线路老化、绝缘层破损出现漏电、短路、过热等情况。

5. 高温灯具、大功率电器等用电设备安装在可燃易燃物上或与可燃物距离过近。线路与插座、开关连接处松动，插头与插套接触处松动。

三、可燃物风险

1. 在楼道、阳台、床铺下堆积存放衣物、纸张、报刊、书籍等易燃可燃物品。

2. 室内使用的桌、椅、板凳、床、衣柜等木制可燃家具。

3. 在实验室内违规存放易燃易爆物品。

4. 建筑外墙外保温材料的燃烧性能不符合要求，外保温材料防护层脱落、破损、开裂，外保温系统防火分隔、防火封堵措施失效。

5. 建筑内外及屋面违规搭建易燃可燃夹芯材料彩钢板房。

第二节　火灾状态下人员安全疏散风险

1. 教学楼、宿舍楼等场所违规安装影响逃生救援的防盗窗、防盗网。

2. 学生宿舍夜间锁闭安全出口、疏散通道；男、女生共用一栋宿舍，设置铁栅栏或墙体将疏散通道截断，导致疏散通道不足。安全出口、疏散通道处设置的门禁系统在火灾时无法正常开启。

3. 礼堂、报告厅内使用人数超过额定人数。

4. 教学楼内人员密集，使用者大多是未成年人，发生火灾时疏散困难大。

5. 常闭式防火门处于常开状态，防烟阻火及正压送风功能受到影响，人员无法利用疏散楼梯间安全逃生。

第三节　火灾蔓延扩大风险

1. 违规采用可燃、易燃夹芯彩钢板做搭建小商店、洗衣房、仓库等附居用房。

2. 设置敞开楼梯间的教学楼、宿舍楼，发生火灾时易造成烟、火的纵向蔓延。

3. 老旧的学校建筑，耐火等级低，消防车通道不畅，防火间距不足，防火分隔设施和消防设施缺乏易造成火灾的蔓延扩大。

4. 管道井、电缆井防火封堵不符合要求，变形缝、伸缩缝防火封堵不到位。

第四节　重点部位火灾风险

一、教学楼

1. 在安全出口或者疏散通道上安装栅栏等影响疏散的障碍物。

2. 在教学使用期间锁闭安全出口、堵塞疏散通道。

3. 疏散楼梯间及走道内，违规设置影响疏散的烧水间、可燃材料储藏室等。

4. 教学楼等学生活动场所内使用的音响、投影仪、空调、冬季辅助加热器等电器设备超负荷使用、超年限使用，以及长时间通电，使用后未断电。

二、宿舍楼

1. 学生宿舍夜间锁闭安全出口，未制定落实相应的应急处置机制。

2. 在宿舍乱拉私接电线，随意连接插座，擅自使用大功率电器、违规电器、不安全电器、不达标电器，致使电线过载变热起火。

3. 将电脑、充电器、插排等放在枕头下或被褥中，用纸罩或衣物遮盖台灯灯具，使用电器长时间不断电等。

4. 在宿舍擅自使用煤炉、液化炉、酒精炉、蜡烛等明火引发火灾。

5. 在宿舍、卫生间等场所吸烟，乱丢烟头，焚烧杂物，玩火等。

6. 在学生宿舍违法安装防盗窗、防盗网，未设置从内部开启的逃生窗。

三、食堂

1. 食堂为增加就餐容量，在疏散通道处摆放餐桌餐椅，堵塞疏散通道和安全出口。

2. 使用电加热设施设备烹饪食品的，电气线路未安装漏电保护装置；蒸箱、烤箱、微波炉、搅拌机、绞肉机等大功率电器长时间运行或故障发热等情况。

3. 厨房装修材料的燃烧性能不符合要求，餐厅采用大量易燃可燃装饰、装修材料。

4. 厨房排油烟罩、油烟道未定期清洗，聚集大量易燃可燃油污，遇有做饭明火或高温烟气引发火灾。

5. 厨房与其他区域的防火分隔不到位，未采用乙级防火门和耐火极限不低于2.0h的防火隔墙与其他部位分隔。

6. 设置在地下室、半地下室内的厨房违规使用液化石油气；使用燃气的厨房未按标准安装可燃气体探测报警器。

7. 燃气管线、连接软管、灶具老化，生锈，超出使用年限，未定期检测维护。

8. 违规使用和存储甲、乙类火灾危险性的醇基燃料，将醇基燃料与其他燃料混用。醇基燃料的储存容器未采用金属材质闭式储存设施，总容量大于15m^3。

9. 厨房未落实关火、关电、关气等措施；厨房员工不会操作使用灭火器、灭火毯、厨房自动灭火系统等消防设施器材，不会紧急切断电源、气源。

四、图书馆

1. 图书馆内大量使用照明、计算机、复印机、空调等电气设备。

2. 图书馆内存放大量报刊、图书、音像资料等可燃物，存放时间长而陈旧、干燥，容易起火。

3. 图书馆内电气线路、电子阅览设备、固定插座、移动式插座等通电物品与书籍、报纸、杂志、书柜等易燃可燃物品直接接触或距离较近。

4. 图书馆各场馆、阅览室入口处等设门禁刷卡进馆系统，使得图书馆的出入口变得狭小，不利于人员疏散逃生。

五、实验室

1. 实验室、危化品仓库等未按规定贮存实验用剂，实验用剂混存，未与火源、电源保持一定距离，随意堆放、使用和储存。

2. 违反操作规程，或实验操作不当引燃化学反应生成的易燃、易爆气体或液态物质。机器设备老化或未按要求使用。

3. 使用酒精灯时，酒精量过多或操作不当酒精灯倾倒引发火灾。

4. 可燃性气体钢瓶与助燃气体钢瓶混合放置，钢瓶靠近热源、明火存放。

5. 实验室电气线路老化、电气设备超负荷运转，造成电路故障、短路起火。

6. 实验室未配置相应的灭火器材，或缺乏维护造成失效。

六、礼堂、报告厅、体育馆

1. 建筑高、空间大，可燃物资较多，一旦发生火灾，燃烧猛烈，蔓延迅速。

2. 建筑空间相对通透、防火分隔较少，火灾发生时，烟气易迅速蔓延至整个建筑。

3. 在使用中往往聚集大量的人员，当火灾发生时，由于建筑本身空间较大，结构复杂，人员疏散难度较大，极易造成人员群死群伤的现象。

4. 场馆内装饰如舞台上的幕布、地板、道具、布景等使用可燃材料。

5. 校园场馆举办大型活动时，临时增加电器设备、敷设电气线路，使用电负荷加大，易引发电路发热、过载、短路从而造成电气火灾事故。

七、配电室

1. 配电室内建筑消防设施设备的配电柜、配电箱无明显标识。

2. 配电室开向建筑内的门未采用甲级防火门；配电室内堆放可燃杂物。

3. 配电室值班人员不掌握火灾状况下切断非消防设备供电、确保消防设备正常供电的操作方法。

4. 配电室未按要求配置灭火器。

八、锅炉房

1. 燃气锅炉房内未设置可燃气体探测报警装置，未设置泄压设施。

2. 燃油锅炉房储油间轻柴油总储存量大于 $1m^3$，防火隔墙上开设的门未采用甲级防火门。

3. 未采用防爆型灯具；事故排风装置未保持完好。

4. 锅炉房设置在人员密集场所的上、下层或毗邻位置，以及主要通道、疏散出口的两侧。

九、柴油发电机房

1. 柴油发电机润滑油位、过滤器、燃油量、蓄电池电位、控制箱不正常。

2. 机房内储油间总储存量大于 $1m^3$，防火隔墙上开设的门未采用甲级防火门。

3. 柴油发电机房堆放可燃杂物。

4. 发电机未定期维护保养，未落实每月至少启动一次要求。

5. 未采用防爆型灯具；事故排风装置未保持完好。

第二章　学校消防安全检查要点

第一节　消防安全管理

一、消防档案

（一）消防档案要求

重点单位应当建立健全消防档案，其他单位应当将本单位的基本情况、消防机构填发的各种法律文书与消防工作有关的工作材料和记录统一保管备查。

消防档案应包括消防安全基本情况和消防安全管理情况，档案内容翔实，能全面反映单位消防工作基本情况，并附有必要的图表，根据实际情况及时更新。

（二）消防安全基本情况档案

1.建筑的基本概况和消防安全重点部位情况。

2.所在建筑消防设计审查、消防验收或消防设计、消防验收备案相关资料。

3.消防组织和各级消防安全责任人。

4.微型消防站设置及人员、消防装备配备情况。

5.相关租赁合同。

6.消防安全管理制度和保证消防安全的操作规程，灭火和应急疏散预案。

7.消防设施、灭火器材配置情况。

8. 专职消防队、志愿消防队人员及其消防装备配备情况。

9. 消防安全管理人、自动消防设施操作人员、电气焊工、电工、易燃易爆危险品操作人员的基本情况。

10. 新增消防产品质量合格证，新增建筑材料和室内装修、装饰材料的防火性能证明文件。

（三）消防安全管理情况档案

1. 消防安全例会记录或会议纪要、决定。

2. 消防救援机构填发的各种法律文书。

3. 消防设施定期检查记录、自动消防设施全面检查测试的报告、单位与具有相关资质的消防技术服务机构签订维护保养合同以及维修保养的记录（记录要有消防技术服务机构公章和人员签字）。

4. 火灾隐患、重大火灾隐患及其整改情况记录。

5. 消防控制室值班记录。

6. 防火检查、巡查记录。

7. 有关燃气、电气设备检测，动火审批，厨房烟道清洗等工作的记录资料。

8. 消防安全培训记录。

9. 灭火和应急疏散预案的演练记录。

10. 各级和各部门消防安全责任人的消防安全承诺书。

11. 火灾情况记录。

12. 消防奖励情况记录。

13. 火灾隐患及其整改情况记录。

14. 防火检查、巡查记录。

15. 有关燃气、电气设备检测、厨房烟道清洗等记录资料。

16. 消防安全培训记录。

17. 灭火和应急疏散预案的演练记录。

二、消防安全责任制落实

实地抽查提问消防安全责任人、管理人，检查是否熟知以下工作职责：

（一）消防安全责任人工作职责

1. 贯彻执行消防法律法规，保障单位消防安全符合国家消防技术标准，掌握本单位的消防安全情况，全面负责本场所的消防安全工作。

2. 统筹安排本场所的消防安全管理工作，批准实施年度消防工作计划。

3. 为本单位的消防安全管理工作提供必要的经费和组织保障。

4. 确定逐级消防安全责任，批准实施消防安全管理制度和保障消防安全的操作规程。

5. 组织召开消防安全例会，组织开展防火检查，督促整改火灾隐患，及时处理涉及消防安全的重大问题。

6. 根据有关消防法律法规的规定建立专职消防队、志愿消防队（微型消防站），并配备相应的消防器材和装备。

7. 针对本场所的实际情况，组织制订符合本单位实际的灭火和应急疏散预案，并实施演练。

（二）消防安全管理人工作职责

1. 拟订年度消防安全工作计划，组织实施日常消防安全管理工作。

2. 组织制定消防安全管理制度和保障消防安全的操作规程，并检查督促落实。

3. 拟订消防安全工作的经费预算和组织保障方案。

4. 组织实施防火检查和火灾隐患整改。

5. 组织实施对本单位消防设施、灭火器材和消防安全标志的维护保养，确保其完好有效和处于正常运行状态，确保疏散通道、走道和安全出口、消防车通道畅通。

6. 组织管理专职消防队或志愿消防队（微型消防站），开展日常业务训练，组织初起火灾扑救和人员疏散。

7. 组织从业人员开展岗前和日常消防知识、技能的教育和培训，组织灭火和应急疏散预案的实施和演练。

8. 定期向消防安全责任人报告消防安全情况，及时报告涉及消防安全的重大问题。

9. 管理单位委托的物业服务企业和消防技术服务机构。

10. 单位消防安全责任人委托的其他消防安全管理工作。

未确定消防安全管理人的单位，上述规定的消防安全管理工作由单位消防安全责任人负责实施。

三、消防安全管理制度

（一）消防安全制度内容

1. 消防安全教育、培训。

2. 防火巡查、检查、安全疏散设施管理。

3. 消防控制室值班。

4. 消防设施、器材维护管理。

5. 用火、用电安全管理。

6. 微型消防站的组织管理。

7. 灭火和应急疏散预案演练。

8. 燃气和电气设备的检查和管理。

9. 火灾隐患整改。

10. 消防安全工作考评和奖惩。

11. 其他必要的消防安全内容。

（二）多产权、多使用单位管理

1. 应明确多产权、多使用单位或者承包、租赁、委托经营单位消防安全责任。

2. 消防车通道、涉及公共消防安全的疏散设施和其他建筑消防设施应当由产权单位或者委托管理的单位统一管理。

3. 在与租户或业主签订相关租赁或者承包合同时，应在合同内明确各方的消防安全职责。各业主应当在各自职责范围内履行职责。

4. 实行统一管理时应制定统一的管理标准、管理办法，明确隐患问题整改责任、整改资金、整改措施。

（三）防火巡查、检查

1. 翻阅《防火巡查记录》《防火检查记录》，查看是否至少每日进行一次防火巡查，寄宿制的学校和幼儿园是否每2.0h进行一次夜间防火巡查、每个月进行一次防火检查，是否如实登记火灾隐患情况。

2.《防火巡查记录》《防火检查记录》中，巡查、检查人员和管理人是否分别在记录上签名，并通过核对笔迹的方式确定签字的真实性。

3. 对照单位的《防火巡查记录》《防火检查记录》中记录的隐患，实地查看整改及防范措施的落实情况。

（四）消防安全培训教育

1. 应对全体教职工至少每半年进行一次消防安全培训，对新上岗和进入新岗位的教职工应进行岗前消防安全培训。

2. 培训内容应以教会教职工电气等火灾风险及防范常识，灭火器和消火栓的使用方法，防毒防烟面具的佩戴，人员疏散逃生知识等为主。

3. 查看教职工消防安全培训记录、培训照片等资料是否真实，是否记明培训的时间、参加人员、内容，参训人员是否签字，随机抽查单位教职工消防安全"四个能力"（即检查消除火灾隐患能力、组织扑救初起火灾能力、组织人员疏散逃生能力、消防宣传教育培训能力）掌握情况。

消防安全教育培训记录表			
培训时间		培训地点	
参加人数		授课人	
参加培训人员：			
培训内容： **消防安全知识"三懂"** 一、懂本单位火灾危险性 　1.防止触电；2.防止引起火灾；3.可燃、易燃品、火源。			

二、懂预防火灾的措施

　　1. 加强对可燃物质的管理；2. 管理和控制好各种火源；3. 加强电气设备及其线路的管理；4. 易燃易爆场所应有足够的适用的消防设施，并要经常检查做到会用、有效。

三、懂灭火方法

　　1. 冷却灭火方法；2. 隔离灭火方法；3. 窒息灭火方法；4. 抑制灭火方法。

消防安全知识"四会"

一、会报警

　　1. 大声呼喊报警，使用手动报警设备报警；2. 如使用专用电话、手动报警按钮、消火栓按键击碎等；3. 拨打119火警电话，向当地消防救援机构报警。

二、会使用消防器材

　　拔掉保险销，握住喷管喷头，压下提把，对准火焰根部即可。

三、会扑救初期火灾

　　在扑救初期火灾时，必须遵循：先控制后消灭，救人第一，先重点后一般的原则。

四、会组织人员疏散逃生

　　1. 按疏散预案组织人员疏散；2. 酌情通报情况，防止混乱；3. 分组实施引导。

消防安全"四个能力"基本内容

　　1. 检查消除火灾隐患能力：查用火用电，禁违章操作，查通道出口，禁堵塞封闭，查设施器材，禁损坏挪用，查重点部位，禁失控漏管；2. 扑救初起火灾能力：发现火灾后，起火部位员工1分钟内形成第一灭火力量，火灾确认后，单位3分钟内形成第二灭火力量；3. 组织疏散逃生能力：熟悉疏散通道，熟悉安全出口，掌握疏散程序，掌握逃生技能；4. 消防宣传教育能力：消防宣传人员，有消防宣传标志，有全员培训机制，掌握消防安全常识。

微型消防站"三知四会一联通"

　　1. "三知"：微型消防站队员要知道单位内部消防设施位置、知道疏散通道和出口、知道建筑布局和功能；2. "四会"：会组织疏散人员、会扑救初起火灾、会穿戴防护装备、会操作消防器材；3. "一联通"：消防救援支队或大中队与微型消防站、微型消防站与队员保持通信联络畅通。

培训照片：

（五）灭火和应急疏散预案及演练

1.应至少每半年组织一次全员参与的灭火和应急疏散预案演练。

2.翻阅灭火和应急疏散预案，查看是否有针对性地制订灭火和应急疏散预案，是否根据建筑改造、人员调整等情况，及时进行修订。灭火和应急疏散预案应当至少包括下列内容：

（1）建筑的基本情况、重点部位及火灾风险分析。

（2）明确火灾现场通信联络、灭火、疏散、救护、对接消防救援力量等任务的负责人、组成人员及各自职责。

（3）火警处置程序。

（4）应急疏散的组织程序和措施。

（5）扑救初起火灾的程序和措施。

（6）通信联络、安全防护和人员救护的组织与调度程序和保障措施。

3.翻阅演练记录、照片等材料，查看演练的时间、地点、内容、参加人员是否属实，演练是否以人员集中、火灾危险性较大和重点部位为模拟起火点、是否全员参与、是否按照预案内容进行模拟演练，并随机询问员工是否熟知本岗位职责、应急处置程序等情况。

（六）消防宣传提示

1.应在安全出口处张贴"三自主两公开一承诺"（自主评估风险、自主检查安全、自主整改隐患，向社会公开消防安全责任人、管理人，并承诺本场所不存在突出风险或者已落实防范措施）公示牌。

2.要营造学校内部宣传氛围，利用内部LED电子显示屏、大屏幕和楼内广播等滚动播放消防安全常识。

3.在各楼层走廊等显著位置张贴宣传挂图以及安全疏散逃生示意图，指示图上应标明疏散路线、安全出口和疏散门、人员所在位置和必要文字说明。

4.配电室、厨房和库房等重点部位张贴火灾风险提示。

第二节 微型消防站建设

在校师生总人数在2000人以上、学生住宿床位在100张以上的学校，以及幼儿园人数在100人以上、幼儿住宿床位在40张以上的幼儿园应建立微型消防站，并按以下要求设置：

一、人员设置

1. 人员数量设置原则上不少于6人。

2. 应结合实际设站长、队员等岗位。

3. 站长由单位消防安全管理人担任，队员由其他员工担任。

二、日常工作职责

1. 应定期组织开展业务训练，每个月至少开展一次全员拉动测试。

2. 人员应保持随时在岗在位，确保接到火警信息后能各负其责，"3分钟到场"进行处置。

3. 要具备"三知四会"能力，即知道消防设施和器材位置、知道疏散通道和出口、知道建筑布局和功能；会组织疏散人员、会扑救初起火灾、会穿戴防护装备和会操作消防器材。

4. 站长职责

（1）负责微型消防站日常管理。

（2）组织制订及落实各项管理制度和灭火应急预案。

（3）组织防火巡查。

（4）组织消防宣传教育和应急处置训练。

（5）指挥初起火灾扑救和人员疏散。

（6）对发现的火灾隐患和违法行为进行及时整改。

5. 队员职责

（1）应熟练掌握消防设施、器材的性能和操作使用方法。

（2）熟悉设施器材的设置位置和灭火应急预案内容，发生火灾时主要负责扑救初起火灾、组织人员疏散工作。

（3）日常负责防火安全巡查检查工作。

6. 重要保卫时段工作职责

在重大活动、重要节假日和重要时间节点，加强力量重点防护，并做好如下工作：

（1）对单位内部疏散通道、厨房、库房等重点区域开展一次消防安全自查。

（2）对电气线路敷设、电器产品的使用开展一次检查。

（3）对自动消防设施进行一次联动测试。

（4）开展一次全员培训和应急疏散演练。

（5）将活动详情和应急预案报告给当地消防救援部门。

三、器材配备

应当根据本场所火灾危险性特点，每人配备对讲机、防毒防烟面罩等灭火、通信和个人防护器材装备。

四、火场处置流程

1. 发现火灾后，应向消防控制室报告火灾情况，并利用就近的消火栓、灭火器、消防水桶等器材扑救火灾。

2. 消防控制中心确认火警信息后，应立即启动消防应急广播等消防设施，同时报火警119，通知相关人员迅速开展应急处置工作。

3. 负责灭火工作的人员应快速前往起火点，进行灭火。

4. 负责疏散工作的人员应佩戴防毒防烟面罩，指挥、引导各楼层人员向安全出口撤离。

5. 负责对接消防救援力量的人员应在室外将到场的消防车引向距起火点最近的安全出口处。

第三节　消防安全重点部位

一、教学楼

1. 不得在安全出口或者疏散通道上安装栅栏等影响疏散的障碍。

2. 不得在教学使用期间锁闭安全出口、堵塞疏散通道。

3. 疏散楼梯间及走道内，不得违规设置影响疏散的烧水间、可燃材料储藏室等。

二、宿舍楼

1. 集体宿舍严禁使用蜡烛、酒精炉、煤油炉等明火器具。

2. 集体宿舍值班室应配置灭火器、喊话器、消防过滤式自救呼吸器、对讲机等消防器材。

3. 建筑内设置的垃圾桶（箱）应采用不燃材料制作，并设置在周围无可燃物的位置。

4. 宿舍内严禁私自接拉电线，严禁使用电炉、电取暖、热得快等大功率电器设备，每间集体宿舍均应设置用电过载保护装置。

三、食堂

1. 厨房应采用耐火极限不低于2.0h的防火隔墙和乙级防火门、窗与其他部位分隔。

2. 厨房的顶棚、墙面、地面应采用不燃材料装修。

3. 不得违规使用醇基液体燃料和轻质白油，设置在地下室、半地下室内的厨房严禁使用液化石油气；不得使用液化气罐。

4. 燃气灶的连接软管不能有裂纹、破损，连接牢靠。

5. 应配备灭火毯、灭火器；采用可燃气体做燃料的厨房，应设置可燃气体浓度报警装置。

6. 烟罩应定期清洗，油烟管道应每季度至少清洗一次并有清洗前后对比照片的记录。

四、实验室

1. 实验室、实验设备应明确防火负责人，制定安全操作规程和注意事项。

2. 制定化学危险品使用、储存的相关规定，不同性质的化学危险物品应当分类、分项存放，并保持一定的安全距离。

3. 不得违规使用电冰箱等密闭设备存放乙醇、甲醛、乙醚、丙酮等易燃易爆危险性药品。

4. 实验中需要使用的氢气、氧气等甲、乙类气体的气瓶间、管线应当符合安全规定。

5. 实验用的化学危险物品应当设置明显的警示标志。

6. 实验用的变压器、电感线圈的设备必须设置在非燃的基座上。

7. 为实验室临时拉用的电气线路应当符合安全要求，电加热器、电烤箱等设备应当做到人走电断。

8. 配备与实验室环境火灾相适应的必要的灭火器材。如灭火毯、沙土、灭火器等。

五、图书馆

1. 书架的布局不得占用疏散通道。

2. 对需要控制人员随意出入的安全出口、疏散门，或设有门禁系统的，应当采取保证火灾时不需使用钥匙等任何工具即能易于从内部打开的有效措施。

六、礼堂、报告厅、体育馆

1. 严禁携带易燃易爆品进入场馆。

2. 禁烟区不吸烟，不随地丢弃烟头、火种。

3. 定期检查电气线路，防止电线老化造成事故。

4. 严格把控入场人数，不得超过场馆内额定人数。

5. 大型活动临时搭建的舞台、展位不得占用堵塞安全出口和疏散通道。

6. 场馆内舞台、布景、道具不得采用易燃、可燃材料。

七、配电室

1. 配电室应设置甲级防火门并设置警示标志。

2. 配电室内应配备二氧化碳灭火器和应急照明。

3. 配电室内不得堆放杂物。

八、柴油发电机房

1. 应采用耐火极限不低于2.0h的防火隔墙和1.5h的不燃性楼板与其他部位分隔，门应采用甲级防火门。

2. 机房内设置储油间时，其总储存量不应大于$1m^3$，储油间应采用耐火极限不低于3.0h的防火隔墙与发电机间分隔；确需在防火隔墙上开门时，应设置甲级防火门。

3. 应设置应急照明和消防电话。

4. 手动启动柴油发电机，查看是否能正常启动。

九、库房

1. 应采用耐火极限不低于2.0h的隔墙与其他部分完全分隔，通向室内的开口应设置乙级防火门。

2. 库房内敷设的电气线路应穿金属管保护，照明灯具下面0.5m内不应有可燃物。

3. 库房内严禁使用明火。

4. 库房严禁储存易燃易爆危险品。

5. 库房应配置灭火器材。

十、锅炉房

1.疏散门应直通室外或安全出口。

2.燃气、燃油锅炉房与其他部位之间应采用耐火极限不低于2.0h的防火隔墙和1.5h的不燃性楼板分隔，在隔墙和楼板上不应开设洞口，确需在隔墙上设置门、窗时，应采用甲级防火门、窗。

3.锅炉房内设置储油间时，其总储存量不应大于$1m^3$，且储油间应采用耐火极限不小于3.0h的防火隔墙与锅炉间分隔；确需在防火隔墙上设置门时，应采用甲级防火门。

4.燃油、燃气锅炉房应设置火灾报警装置。

十一、电气管理

1.电气线路敷设、设备安装和维修应当由具备相应职业资格的人员按国家现行标准要求和操作规程进行。

2.选用符合国家标准、行业标准、电气设备、电气线路规格应与用电负荷相匹配，严禁超负荷运行。

3.不应私拉乱接电线，电气线路不应敷设在可燃物上，插座（插排）周围0.5m范围内不能有可燃物，顶棚内敷设的电气线路应穿金属管。

4.对电气线路、设备的运行及维护情况应定期检查、检测。

5.不应在室内停放电动车或为电动车充电。

十二、用火管理

1.宿舍内不应卧床吸烟和乱扔烟蒂，楼内显著位置要有禁烟标识。

2.禁止在学生在校期间进行动火作业。

3.需要动火作业的区域，应与其他区域进行防火分隔，并加强消防安全现场监管。

4.电焊等明火作业前，实施动火的部门和人员应按照制度办理动火审批手续，清除可燃、易燃物品，配置灭火器材，落实现场监护人员和安全措施，在确认无火灾、爆炸危险后方可动火作业。

十三、装修材料

1. 不应使用彩钢板搭建临时建筑。

2. 建筑内部装修应采用不燃和难燃性材料。

第四节　疏散救援设施

一、消防车通道

1. 消防车通道应保持畅通，不应被占用、堵塞、封闭。

2. 不应设置妨碍消防车通行的停车泊位、路桩、隔离墩、地锁等障碍物，并须设有严禁占用等标志，在地面设有标识线。

3. 消防车道靠建筑外墙一侧的边缘距离建筑外墙不宜小于5m。

4. 消防车道与建筑之间不应设置妨碍消防车操作的树木、架空管线等障碍物。

5. 道路的净宽度和净空高度应满足消防车安全、快速通行的要求，消防车道的坡度不宜大于10%。

二、安全出口及疏散楼梯

1. 图书馆、教学楼、实验楼和集体宿舍的疏散走道不应设置弹簧门、旋转门、推拉门等影响安全疏散的门。疏散走道、疏散楼梯间不应设置卷帘门、栅栏等影响安全疏散的设施。

2. 安全出口数量不应少于2个，疏散门应向外开启，不能上锁和封堵，应保持畅通。

3. 疏散楼梯的净宽度不应小于1.1m，其中高层公共建筑（建筑高度超过24m的公共建筑）的疏散楼梯净宽度不应小于1.2m。

4. 楼梯间内不能堆放杂物，严禁设置烧水间、可燃材料储藏室等。

5. 通向室外疏散楼梯的门应采用乙级防火门，应向外开启，不应正对楼梯段。

6. 学校内设置的室外疏散楼梯的梯段和缓台均应采用不燃材料制作，缓台不应采用金属材料。

第五节　消防设施器材

一、疏散指示标志

1. 疏散指示标志不应被遮挡。

2. 应选择采用节能光源的灯具，标志灯应选择持续型灯具。其中安全出口标志灯应安装在安全出口或疏散门内侧上方居中的位置。疏散指示标志应设置在疏散走道及其转角处距地面高度1m以下的墙面或地面上，当安装在疏散走道、通道上方时，室内高度不大于3.5m的场所，标志灯底边距地面的高度宜为2.2m～2.5m；室内高度大于3.5m的场所，特大型、大型、中型标志灯底边距地面高度不宜小于3m，且不宜大于6m。

3. 灯光疏散指示标志的标志面与疏散方向垂直时，灯具的设置间距不应大于20m；标志灯的标志面与疏散方向平行时，灯具的设置间距不应大于10m。

二、应急照明灯

1. 安全出口的正上方，建筑内的疏散走道，封闭楼梯间、防烟楼梯间及其前室、消防电梯间的前室或合用前室、观众厅、展览厅、多功能厅和建筑面积大于200m^{2}的营业厅、餐厅、演播室等人员密集的场所顶棚墙面上应设置应急照明灯。

2. 平时主电状态是绿灯、故障状态是黄灯、充电状态是红灯，现场按下测试按钮，应保持常亮状态。

3. 连续供电时间不应少于0.5h。

三、灭火器

1. 一般都是配备ABC干粉灭火器，压力表指针在绿区；机房、配电室等电气设备用房应配备二氧化碳灭火器。

2. 灭火器应有红色消防产品身份标识，每个计算单元内配置的灭火器数量不得少于2具,每个设置点的灭火器数，量不得多于5具。学生住宿床位100张及以上的学校集体宿舍配备5kg及以上干粉灭火器，其他场所配备3kg及以上的。

3. 灭火器应放在明显和便于取用的地点，灭火器箱不应被遮挡、上锁，开启应灵活。

4. 灭火器的零部件齐全，无松动、脱落或损伤，铅封等保险装置无损坏或遗失。

5. 喷射软管应完好，无明显裂纹，喷嘴无堵塞。

6. 灭火器的筒体无明显缺陷、无锈蚀（特别查看筒底）。

7. 干粉灭火器、二氧化碳灭火器出厂期满5年后进行首次维修，之后每2年维修一次；二氧化碳灭火器的报废期限为12年，干粉灭火器的报废期限为10年。

四、防火门

1. 常闭式防火门应有红色的消防产品合格标志，且处于关闭状态，门扇启闭应灵活，无关闭不严的现象；门框、门扇、门槛、把手、锁、防火密封条、闭门器、顺序器等组件应保持齐全、好用。

2. 常闭式防火门应有"保持常闭"字样的标识。

3. 门框上的缝隙、孔洞应采用水泥砂浆等不燃烧材料填充。

4. 释放单扇防火门，门扇应能自动关闭；释放双、多扇防火门，观察门扇是否能实现顺序关闭，并保持严密。

5. 常开式防火门检查时，按下其释放器的手动按钮，防火门应自行关闭且严密，闭门信号应传送至消防控制室。

五、室内消火栓系统

1. 消火栓不应被埋压、圈占、遮挡。

2. 消火栓箱门应张贴操作说明，能正常开启且开启角度不小于120°。

3. 水带、水枪、接口应齐全，水带不应破损，水带与接口应牢靠，消火栓栓口方向应向下或与墙面成90°角。检查时，应在顶层进行出水测试，水压符合要求。

4. 设有消火栓报警按钮的，接线应完好，有巡检指示功能的其巡检指示灯应闪亮。

5. 按下消火栓按钮，指示灯应常亮，火灾报警控制柜应收到反馈信号。

6. 消防软管卷盘的胶管不应粘连、开裂，与喷枪、阀门等连接应牢固；阀门操作手柄应完好；打开供水阀，各连接处无渗漏；开启喷枪，检查其喷水情况应正常。

六、室外消火栓系统

1. 室外消火栓不应被埋压、圈占、遮挡。

2. 地下消火栓应有明显标识，井盖能顺利开启，井内不能存有积水以及妨碍操作的杂物等。

3. 使用消火栓扳手检查消火栓闷盖、阀杆操作应灵活。

4. 连接消防水带测试室外消火栓，供水压力应符合规定，栓口无漏水现象。

5. 冬季应做好防寒措施。

七、火灾自动报警系统

（一）火灾探测器

1. 火灾探测器0.5m范围内不应有障碍物。

2. 火灾探测器（常见感温探测器）平时巡检灯应闪亮，现场对顶棚的感烟探测器进行吹烟测试，感烟探测器应处于常亮状态，报警控制器应能够显示火灾报警信号，能打印火灾信息，系统显示时间应和实际时间一致。

（二）手动火灾报警按钮

1. 具有巡检指示功能的手动报警按钮的指示灯应正常闪亮，表面无破损，周围不应存在影响辨识和操作的障碍物。

2. 按下手动报警按钮进行报警试验，报警确认灯应常亮，核实火灾报警控制器应接收到其发出的火警信号。

八、自动喷水灭火系统

1. 检查末端试水装置组件（试水阀门、试水接头、压力表）是否完整，压力不应低于0.05MPa。

2. 末端试水装置应有醒目标志，地面应设置排水设施。

3. 打开末端试水放水阀进行放水试验，5分钟内消防水泵应自动启动，同时火灾报警控制器上应有水流指示器、压力开关报警信号及消防水泵的动作反馈信号。

九、消防水泵

1. 消防水泵房应设置应急照明和消防电话，采用耐火极限不低于2.0h的防火隔墙和1.5h的楼板与其他部位分隔；疏散门应直通室外或安全出口，开向疏散走道的门应采用甲级防火门。

2. 消防水泵应注明系统名称，应有主、备泵标识，消防给水设施的管道阀门应有开/关的状态标识。

3. 消防水泵控制柜转换开关应处于"自动"运行模式；将消防水泵控制的转换开关置于"手动"模式，分别按下主、备泵的"启动"按钮，待"启动"指示灯亮起再按下相应的"停止"按钮，水泵应能正常启动和停止。

4. 在消防控制室消防联动控制器上进行手动启、停消防泵的操作，泵组启、停应正常，控制器应有消防泵启动、动作反馈和停止的信号显示。

十、稳压设施

1. 气压罐及其组件外观不应存在锈蚀、缺损情况，标志应清晰、完整。

2. 电气控制箱应处于通电状态，将电气控制箱旋钮调至"手动"模式，分别按下主、备泵的"启动"按钮，待"启动"指示灯亮起再按下相应的"停止"按钮，稳压泵应能正常启动和停止。

3. 稳压系统的电接点压力表应有起停泵数值参数标识。

十一、消防水泵接合器

1. 水泵接合器设置应不被埋压、圈占、遮挡，应设置永久性标牌标明所属系统和区域，相关组件应完好有效。

2. 地下式水泵接合器井内无积水，应有防冻措施。

十二、防排烟设施

排烟系统分为自然排烟系统和机械排烟系统；防烟系统分为自然通风系统和机械加压送风系统。

（一）自然排烟设施

自然排烟主要利用可开启的外窗进行排烟。

（二）机械排烟系统

1.排烟风机的铭牌应牢固，应有注明系统名称和编号的醒目标识；风机与风管连接处应严密，连接材料不应老化和破损且周围不应存放可燃物。

2.排烟风机房内不应堆放杂物，应设置应急照明和消防电话。

3.控制柜应有注明系统名称和编号的醒目标识；仪表、指示灯应正常，转换开关应处于"自动"运行模式。

4.在风机控制柜或消防控制室消防联动控制器转换开关处于"自动"运行模式时，按下"启动"按钮，风机应能正常启动并有反馈信号，在排烟口处用纸张进行风向和风量的测试，纸张应能被吸住，按下"停止"按钮，风机应停止运行并有反馈信号。

（三）机械加压送风系统

1.风机的铭牌应牢固，应有注明系统名称和编号的醒目标识；风机与风管连接处应严密，连接材料不应老化和破损且周围不应存放可燃物。

2.风机房内不应堆放杂物，应设置应急照明和消防电话。

3.控制柜应有注明系统名称和编号的醒目标识；仪表、指示灯应正常，转换开关应处于"自动"运行模式。

4.在风机控制柜或消防控制室消防联动控制器转换开关处于"自动"运行模式时，按下"启动"按钮，风机应能正常启动并有反馈信号，在送风口处进行风向和风量的测试，送风口应能明显感觉有风吹出，按下"停止"按钮，风机应停止运行并有反馈信号。

十三、消防控制室

1.疏散门应直通室外或安全出口，开向建筑内的门应采用乙级防火门。

2.室内应设置应急照明以及外线电话。

3.应实行24小时专人值班制度，每班不少于2人，值班人员应持有四级（中级）及以上等级证书。

4.应查阅《消防控制室值班记录》（值班人员应每2小时记录一次值班情况）、《建筑消防设施巡查记录表》、《建筑消防设施检测记录表》，通过查阅火灾报警控制器的历史信息，对比值班记录，检查值班人员记录火警或故障等信息是否及时。

5. 查阅交接班记录，检查交接班记录是否填写规范，并通过对照笔迹的方式查看是否由本人签字。

6. 火灾报警控制器应设在自动状态，按下火灾报警控制器自检按钮，火灾报警声、光信号应正常，切断火灾报警控制器的主电源，备用电源应自动投入运行。

7. 应询问值班人员是否熟知火灾处置流程。

8. 应存放各类消防资料、台账及火灾报警地址码图。

第三章　学校消防安全管理相关文件

教育部公安部关于加强中小学幼儿园消防安全管理工作的意见

各省、自治区、直辖市教育厅（教委）、公安厅（局），新疆生产建设兵团教育局、公安局：

为进一步加强中小学幼儿园（以下统称学校）消防安全管理工作，全面落实各项消防安全措施，切实保障广大师生生命安全，现提出以下意见：

一、落实消防安全责任。学校应当依法建立并落实逐级消防安全责任制，明确各级、各岗位的消防安全职责。学校法定代表人或主要负责人对本单位消防安全工作负总责。属于消防安全重点单位的学校应当确定一名消防安全工作"明白人"为消防安全管理人，负责组织实施日常消防安全管理工作，主要履行制定落实年度消防工作计划和消防安全制度，组织开展防火巡查和检查、火灾隐患整改、消防安全宣传教育培训、灭火和应急疏散演练等职责。学校应当明确消防工作管理部门，配备专（兼）职消防管理人员，建立志愿消防队，具体实施消防安全工作。教育行政部门要依法履行对学校消防安全工作的管理职责，检查、指导和监督学校开展消防安全工作，督促学校建立健全消防安全责任制和消防安全管理制度。公安消防部门依法履行对学校消防安全工作的监督管理职责，加强消防监督检查，指导和监督学校做好消防安全工作。

二、**开展防火检查**。学校消防安全责任人或消防安全管理人员应当每月至少组织开展一次校园防火检查，并在开学、放假和重要节庆等活动期间开展有针对性的防火检查，对发现的消防安全问题，应当及时整改。重点检查以下内容：一是消防安全制度落实情况；二是日常防火检查工作落实情况；三是教职员工消防知识掌握情况；四是消防安全重点部位的管理情况；五是消防设施、器材完好有效情况；六是厨房烟道等定期清洗情况；七是电气线路、燃气管道定期检查情况；八是消防设施维护保养情况；九是火灾隐患整改和防范措施落实情况；十是消防安全宣传教育情况。防火检查应当填写检查记录，检查人员和被检查部门负责人应当在检查记录上签名，检查记录纳入校舍消防安全档案管理。

三、**开展防火巡查**。学校应当每日组织开展防火巡查，加强夜间巡查，并明确巡查人员、部位。食堂、体育场馆、会堂等场所在使用期间应当至少每两小时巡查一次，对巡查中发现的问题要当场处理，不能处理的要及时上报，落实整改和防范措施，并做好记录。重点巡查以下内容：一是用火、用电、用气有无违章情况；二是安全出口、疏散通道是否畅通，疏散通道及重点部位锁门处在应急疏散时能否及时打开，安全疏散指示标志、应急照明是否完好；三是消防设施、器材和消防安全标志是否在位、完整；四是常闭式防火门是否处于关闭状态、防火卷帘下是否堆放物品影响使用；五是学生宿舍、食堂、图书馆、实验室、计算机房、变配电室、体育场馆、会堂、教学实验、易燃易爆危险品库房等消防安全重点部位管理或值班人员是否在岗在位。

四、**加强消防设施器材配备和管理**。学校应当按照国家、行业标准配置消防设施、器材，并依照规定进行维护保养和检测，确保完好有效。设有自动消防设施的，可以委托具有相应资质的消防技术服务机构进行维护保养，每月出具维保记录，每年至少全面检测一次。

五、**规范消防安全标识**。学校应当规范设置消防安全标志、标识。消防设施、器材应当设置规范、醒目的标识，并用文字或图例标明操作使用方法；疏散通道、安全出口和消防安全重点部位等处应当设置消防警示、提示标识；主要消防设施设备上应当张贴记载维护保养、检测情况的卡片或者记录。

六、开展消防安全教育培训。学校应当每年至少对教职员工开展一次全员消防安全培训，教职员工新上岗、转岗前应当经过岗前消防安全培训。所有教职员工应当懂得本单位、本岗位火灾危险性和防火措施，会报警、会扑救初起火灾、会组织疏散逃生自救。学校应当将消防安全知识纳入学生课堂教学内容，确定熟悉消防安全知识的教师进行授课，并选聘消防专业人员担任学校的兼职消防辅导员。幼儿园应当采取寓教于乐的方式对儿童进行消防安全常识教育。中小学校要保证一定课时对学生开展消防安全教育，并针对各学龄阶段特点，确定不同的消防安全教育的形式和内容。

七、开展消防演练。学校应当制订本单位灭火和应急疏散预案，明确每班次、各岗位人员及其报警、疏散、扑救初起火灾的职责，并每半年至少演练一次。举办重要节庆、文体等活动时，应制订有针对性的灭火和应急疏散预案。幼儿园和小学的演练应当落实疏散引导、保护儿童的措施。

八、严格落实责任追究制度。学校应当将消防安全工作纳入校内评估考核内容，对在消防安全工作中成绩突出的单位和个人给予表彰奖励。学校违反消防安全管理规定或者发生重特大火灾的，除依据消防法的规定进行处罚外，教育行政部门应当取消其当年评优资格，并按照国家有关规定对有关主管人员和责任人员依法追究责任。

高等学校消防安全管理规定

第一章　总则

第一条　为了加强和规范高等学校的消防安全管理，预防和减少火灾危害，保障师生员工生命财产和学校财产安全，根据消防法、高等教育法等法律、法规，制定本规定。

第二条　普通高等学校和成人高等学校（以下简称学校）的消防安全管理，适用本规定。驻校内其他单位的消防安全管理，按照本规定的有关规定执行。

第三条　学校在消防安全工作中，应当遵守消防法律、法规和规章，贯彻预防为主、防消结合的方针，履行消防安全职责，保障消防安全。

第四条　学校应当落实逐级消防安全责任制和岗位消防安全责任制，明确逐级和岗位消防安全职责，确定各级、各岗位消防安全责任人。

第五条　学校应当开展消防安全教育和培训，加强消防演练，提高师生员工的消防安全意识和自救逃生技能。

第六条　学校各单位和师生员工应当依法履行保护消防设施、预防火灾、报告火警和扑救初起火灾等维护消防安全的义务。

第七条　教育行政部门依法履行对高等学校消防安全工作的管理职责，检查、指导和监督高等学校开展消防安全工作，督促高等学校建立健全并落实消防安全责任制和消防安全管理制度。

公安机关依法履行对高等学校消防安全工作的监督管理职责，加强消防监督检查，指导和监督高等学校做好消防安全工作。

第二章　消防安全责任

第八条　学校法定代表人是学校消防安全责任人，全面负责学校消防安全工作，履行下列消防安全职责：

（一）贯彻落实消防法律、法规和规章，批准实施学校消防安全责任制、学校消防安全管理制度；

（二）批准消防安全年度工作计划、年度经费预算，定期召开学校消防安全工作会议；

（三）提供消防安全经费保障和组织保障；

（四）督促开展消防安全检查和重大火灾隐患整改，及时处理涉及消防安全的重大问题；

（五）依法建立志愿消防队等多种形式的消防组织，开展群众性自防自救工作；

（六）与学校二级单位负责人签订消防安全责任书；

（七）组织制订灭火和应急疏散预案；

（八）促进消防科学研究和技术创新；

（九）法律、法规规定的其他消防安全职责。

第九条　分管学校消防安全的校领导是学校消防安全管理人，协助学校法定代表人负责消防安全工作，履行下列消防安全职责：

（一）组织制定学校消防安全管理制度，组织、实施和协调校内各单位的消防安全工作；

（二）组织制订消防安全年度工作计划；

（三）审核消防安全工作年度经费预算；

（四）组织实施消防安全检查和火灾隐患整改；

（五）督促落实消防设施、器材的维护、维修及检测，确保其完好有效，确保疏散通道、安全出口、消防车通道畅通；

（六）组织管理志愿消防队等消防组织；

（七）组织开展师生员工消防知识、技能的宣传教育和培训，组织灭火和应急疏散预案的实施和演练；

（八）协助学校消防安全责任人做好其他消防安全工作。

其他校领导在分管工作范围内对消防工作负有领导、监督、检查、教育和管理职责。

第十条　学校必须设立或者明确负责日常消防安全工作的机构（以下简称学校消防机构），配备专职消防管理人员，履行下列消防安全职责：

（一）拟订学校消防安全年度工作计划、年度经费预算，拟订学校消防安全责任制、灭火和应急疏散预案等消防安全管理制度，并报学校消防安全责任人批准后实施；

（二）监督检查校内各单位消防安全责任制的落实情况；

（三）监督检查消防设施、设备、器材的使用与管理以及消防基础设施的运转，定期组织检验、检测和维修；

（四）确定学校消防安全重点单位（部位）并监督指导其做好消防安全工作；

（五）监督检查有关单位做好易燃易爆等危险品的储存、使用和管理工作，审批校内各单位动用明火作业；

（六）开展消防安全教育培训，组织消防演练，普及消防知识，提高师生员工的消防安全意识、扑救初起火灾和自救逃生技能；

（七）定期对志愿消防队等消防组织进行消防知识和灭火技能培训；

（八）推进消防安全技术防范工作，做好技术防范人员上岗培训工作；

（九）受理驻校内其他单位在校内和学校、校内各单位新建、扩建、改建及装饰装修工程和公众聚集场所投入使用、营业前消防行政许可或者备案手续的校内备案审查工作，督促其向公安机关消防机构进行申报，协助公安机关消防机构进行建设工程消防设计审核、消防验收或者备案以及公众聚集场所投入使用、营业前消防安全检查工作；

（十）建立健全学校消防工作档案及消防安全隐患台账；

（十一）按照工作要求上报有关信息数据；

（十二）协助公安机关消防机构调查处理火灾事故，协助有关部门做好火灾事故处理及善后工作。

第十一条　学校二级单位和其他驻校单位应当履行下列消防安全职责：

（一）落实学校的消防安全管理规定，结合本单位实际制定并落实本单位的消防安全制度和消防安全操作规程；

（二）建立本单位的消防安全责任考核、奖惩制度；

（三）开展经常性的消防安全教育、培训及演练；

（四）定期进行防火检查，做好检查记录，及时消除火灾隐患；

（五）按规定配置消防设施、器材并确保其完好有效；

（六）按规定设置安全疏散指示标志和应急照明设施，并保证疏散通道、安全出口畅通；

（七）消防控制室配备消防值班人员，制定值班岗位职责，做好监督检查工作；

（八）新建、扩建、改建及装饰装修工程报学校消防机构备案；

（九）按照规定的程序与措施处置火灾事故；

（十）学校规定的其他消防安全职责。

第十二条　校内各单位主要负责人是本单位消防安全责任人，驻校内其他单位主要负责人是该单位消防安全责任人，负责本单位的消防安全工作。

第十三条　除本规定第十一条外，学生宿舍管理部门还应当履行下列安全管理职责：

（一）建立由学生参加的志愿消防组织，定期进行消防演练；

（二）加强学生宿舍用火、用电安全教育与检查；

（三）加强夜间防火巡查，发现火灾立即组织扑救和疏散学生。

第三章　消防安全管理

第十四条　学校应当将下列单位（部位）列为学校消防安全重点单位（部位）：

（一）学生宿舍、食堂（餐厅）、教学楼、校医院、体育场（馆）、会堂（会议中心）、超市（市场）、宾馆（招待所）、托儿所、幼儿园以及其他文体活动、公共娱乐等人员密集场所；

（二）学校网络、广播电台、电视台等传媒部门和驻校内邮政、通信、金融等单位；

（三）车库、油库、加油站等部位；

（四）图书馆、展览馆、档案馆、博物馆、文物古建筑；

（五）供水、供电、供气、供热等系统；

（六）易燃易爆等危险化学物品的生产、充装、储存、供应、使用部门；

（七）实验室、计算机房、电化教学中心和承担国家重点科研项目或配备有先进精密仪器设备的部位，监控中心、消防控制中心；

（八）学校保密要害部门及部位；

（九）高层建筑及地下室、半地下室；

（十）建设工程的施工现场以及有人员居住的临时性建筑；

（十一）其他发生火灾可能性较大以及一旦发生火灾可能造成重大人身伤亡或者财产损失的单位（部位）。

重点单位和重点部位的主管部门，应当按照有关法律法规和本规定履行消防安全管理职责，设置防火标志，实行严格消防安全管理。

第十五条　在学校内举办文艺、体育、集会、招生和就业咨询等大型活动和展览，主办单位应当确定专人负责消防安全工作，明确并落实消防安全职责和措施，保证消防设施和消防器材配置齐全、完好有效，保证疏散通道、安全出口、疏散指示标志、应急照明和消防车通道符合消防技术标准和管理规定，制订灭火和应急疏散预案并组织演练，并经学校消防机构对活动现场检查合格后方可举办。

依法应当报请当地人民政府有关部门审批的，经有关部门审核同意后方可举办。

第十六条　学校应当按照国家有关规定，配置消防设施和器材，设置消防安全疏散指示标志和应急照明设施，每年组织检测维修，确保消防设施和器材完好有效。

学校应当保障疏散通道、安全出口、消防车通道畅通。

第十七条　学校进行新建、改建、扩建、装修、装饰等活动，必须严格执行消防法规和国家工程建设消防技术标准，并依法办理建设工程消防设计审核、消防验收或者备案手续。学校各项工程及驻校内各单位在校内的各项工程消防设施的招标和验收，应当有学校消防机构参加。

施工单位负责施工现场的消防安全，并接受学校消防机构的监督、检查。竣工后，建筑工程的有关图纸、资料、文件等应当报学校档案机构和消防机构备案。

第十八条　地下室、半地下室和用于生产、经营、储存易燃易爆、有毒有害等危险物品场所的建筑不得用作学生宿舍。

生产、经营、储存其他物品的场所与学生宿舍等居住场所设置在同一建筑物内的，应当符合国家工程建设消防技术标准。

学生宿舍、教室和礼堂等人员密集场所，禁止违规使用大功率电器，在门窗、阳台等部位不得设置影响逃生和灭火救援的障碍物。

第十九条　利用地下空间开设公共活动场所，应当符合国家有关规定，并报学校消防机构备案。

第二十条　学校消防控制室应当配备专职值班人员，持证上岗。

消防控制室不得挪作他用。

第二十一条　学校购买、储存、使用和销毁易燃易爆等危险品，应当按照国家有关规定严格管理、规范操作，并制订应急处置预案和防范措施。

学校对管理和操作易燃易爆等危险品的人员，上岗前必须进行培训，持证上岗。

第二十二条　学校应当对动用明火实行严格的消防安全管理。禁止在具有火灾、爆炸危险的场所吸烟、使用明火；因特殊原因确需进行电、气焊等明火作业的，动火单位和人员应当向学校消防机构申办审批手续，落实现场监管人，采取相应的消防安全措施。作业人员应当遵守消防安全规定。

第二十三条 学校内出租房屋的，当事人应当签订房屋租赁合同，明确消防安全责任。出租方负责对出租房屋的消防安全管理。学校授权的管理单位应当加强监督检查。

外来务工人员的消防安全管理由校内用人单位负责。

第二十四条 发生火灾时，学校应当及时报警并立即启动应急预案，迅速扑救初起火灾，及时疏散人员。

学校应当在火灾事故发生后两个小时内向所在地教育行政主管部门报告。较大以上火灾同时报教育部。

火灾扑灭后，事故单位应当保护现场并接受事故调查，协助公安机关消防机构调查火灾原因、统计火灾损失。未经公安机关消防机构同意，任何人不得擅自清理火灾现场。

第二十五条 学校及其重点单位应当建立健全消防档案。

消防档案应当全面反映消防安全和消防安全管理情况，并根据情况变化及时更新。

第四章　消防安全检查和整改

第二十六条 学校每季度至少进行一次消防安全检查。检查的主要内容包括：

（一）消防安全宣传教育及培训情况；

（二）消防安全制度及责任制落实情况；

（三）消防安全工作档案建立健全情况；

（四）单位防火检查及每日防火巡查落实及记录情况；

（五）火灾隐患和隐患整改及防范措施落实情况；

（六）消防设施、器材配置及完好有效情况；

（七）灭火和应急疏散预案的制订和组织消防演练情况；

（八）其他需要检查的内容。

第二十七条 学校消防安全检查应当填写检查记录，检查人员、被检查单位负责人或者相关人员应当在检查记录上签名，发现火灾隐患应当及时填发《火灾隐患整改通知书》。

第二十八条 校内各单位每月至少进行一次防火检查。检查的主要内容包括：

（一）火灾隐患和隐患整改情况以及防范措施的落实情况；

（二）疏散通道、疏散指示标志、应急照明和安全出口情况；

（三）消防车通道、消防水源情况；

（四）消防设施、器材配置及有效情况；

（五）消防安全标志设置及其完好、有效情况；

（六）用火、用电有无违章情况；

（七）重点工种人员以及其他员工消防知识掌握情况；

（八）消防安全重点单位（部位）管理情况；

（九）易燃易爆危险物品和场所防火防爆措施落实情况以及其他重要物资防火安全情况；

（十）消防（控制室）值班情况和设施、设备运行、记录情况；

（十一）防火巡查落实及记录情况；

（十二）其他需要检查的内容。

防火检查应当填写检查记录。检查人员和被检查部门负责人应当在检查记录上签名。

第二十九条 校内消防安全重点单位（部位）应当进行每日防火巡查，并确定巡查的人员、内容、部位和频次。其他单位可以根据需要组织防火巡查。巡查的内容主要包括：

（一）用火、用电有无违章情况；

（二）安全出口、疏散通道是否畅通，安全疏散指示标志、应急照明是否完好；

（三）消防设施、器材和消防安全标志是否在位、完整；

（四）常闭式防火门是否处于关闭状态，防火卷帘下是否堆放物品影响使用；

（五）消防安全重点部位的人员在岗情况；

（六）其他消防安全情况。

校医院、学生宿舍、公共教室、实验室、文物古建筑等应当加强夜间防火巡查。

防火巡查人员应当及时纠正消防违章行为，妥善处置火灾隐患，无法当场处置的，应当立即报告。发现初起火灾应当立即报警、通知人员疏散、及时扑救。

防火巡查应当填写巡查记录，巡查人员及其主管人员应当在巡查记录上签名。

第三十条　对下列违反消防安全规定的行为，检查、巡查人员应当责成有关人员改正并督促落实：

（一）消防设施、器材或者消防安全标志的配置、设置不符合国家标准、行业标准，或者未保持完好有效的；

（二）损坏、挪用或者擅自拆除、停用消防设施、器材的；

（三）占用、堵塞、封闭消防通道、安全出口的；

（四）埋压、圈占、遮挡消火栓或者占用防火间距的；

（五）占用、堵塞、封闭消防车通道，妨碍消防车通行的；

（六）人员密集场所在门窗上设置影响逃生和灭火救援的障碍物的；

（七）常闭式防火门处于开启状态，防火卷帘下堆放物品影响使用的；

（八）违章进入易燃易爆危险物品生产、储存等场所的；

（九）违章使用明火作业或者在具有火灾、爆炸危险的场所吸烟、使用明火等违反禁令的；

（十）消防设施管理、值班人员和防火巡查人员脱岗的；

（十一）对火灾隐患经公安机关消防机构通知后不及时采取措施消除的；

（十二）其他违反消防安全管理规定的行为。

第三十一条　学校对教育行政主管部门和公安机关消防机构、公安派出所指出的各类火灾隐患，应当及时予以核查、消除。

对公安机关消防机构、公安派出所责令限期改正的火灾隐患，学校应当在规定的期限内整改。

第三十二条　对不能及时消除的火灾隐患，隐患单位应当及时向学校及相关单位的消防安全责任人或者消防安全工作主管领导报告，提出整改方案，确定整改措施、期限以及负责整改的部门、人员，并落实整改资金。

火灾隐患尚未消除的，隐患单位应当落实防范措施，保障消防安全。对于随时可能引发火灾或者一旦发生火灾将严重危及人身安全的，应当将危险部位停止使用或停业整改。

第三十三条　对于涉及城市规划布局等学校无力解决的重大火灾隐患，学校应当及时向其上级主管部门或者当地人民政府报告。

第三十四条　火灾隐患整改完毕，整改单位应当将整改情况记录报送相应的消防安全工作责任人或者消防安全工作主管领导签字确认后存档备查。

第五章　消防安全教育和培训

第三十五条　学校应当将师生员工的消防安全教育和培训纳入学校消防安全年度工作计划。

消防安全教育和培训的主要内容包括：

（一）国家消防工作方针、政策，消防法律、法规；

（二）本单位、本岗位的火灾危险性，火灾预防知识和措施；

（三）有关消防设施的性能、灭火器材的使用方法；

（四）报火警、扑救初起火灾和自救互救技能；

（五）组织、引导在场人员疏散的方法。

第三十六条　学校应当采取下列措施对学生进行消防安全教育，使其了解防火、灭火知识，掌握报警、扑救初起火灾和自救、逃生方法。

（一）开展学生自救、逃生等防火安全常识的模拟演练，每学年至少组织一次学生消防演练；

（二）根据消防安全教育的需要，将消防安全知识纳入教学和培训内容；

（三）对每届新生进行不低于4学时的消防安全教育和培训；

（四）对进入实验室的学生进行必要的安全技能和操作规程培训；

（五）每学年至少举办一次消防安全专题讲座，并在校园网络、广播、校内报刊开设消防安全教育栏目。

第三十七条　学校二级单位应当组织新上岗和进入新岗位的员工进行上岗前的消防安全培训。

消防安全重点单位（部位）对员工每年至少进行一次消防安全培训。

第三十八条　下列人员应当依法接受消防安全培训：

（一）学校及各二级单位的消防安全责任人、消防安全管理人；

（二）专职消防管理人员、学生宿舍管理人员；

（三）消防控制室的值班、操作人员；

（四）其他依照规定应当接受消防安全培训的人员。

前款规定中的第（三）项人员必须持证上岗。

第六章　灭火、应急疏散预案和演练

第三十九条　学校、二级单位、消防安全重点单位（部位）应当制订相应的灭火和应急疏散预案，建立应急反应和处置机制，为火灾扑救和应急救援工作提供人员、装备等保障。

灭火和应急疏散预案应当包括以下内容：

（一）组织机构：指挥协调组、灭火行动组、通信联络组、疏散引导

组、安全防护救护组；

（二）报警和接警处置程序；

（三）应急疏散的组织程序和措施；

（四）扑救初起火灾的程序和措施；

（五）通信联络、安全防护救护的程序和措施；

（六）其他需要明确的内容。

第四十条 学校实验室应当有针对性地制订突发事件应急处置预案，并将应急处置预案涉及的生物、化学及易燃易爆物品的种类、性质、数量、危险性和应对措施及处置药品的名称、产地和储备等内容报学校消防机构备案。

第四十一条 校内消防安全重点单位应当按照灭火和应急疏散预案每半年至少组织一次消防演练，并结合实际，不断完善预案。

消防演练应当设置明显标识并事先告知演练范围内的人员，避免意外事故发生。

第七章　消防经费

第四十二条 学校应当将消防经费纳入学校年度经费预算，保证消防经费投入，保障消防工作的需要。

第四十三条 学校日常消防经费用于校内灭火器材的配置、维修、更新，灭火和应急疏散预案的备用设施、材料，以及消防宣传教育、培训等，保证学校消防工作正常开展。

第四十四条 学校安排专项经费，用于解决火灾隐患，维修、检测、改造消防专用给水管网、消防专用供水系统、灭火系统、自动报警系统、防排烟系统、消防通信系统、消防监控系统等消防设施。

第四十五条 消防经费使用坚持专款专用、统筹兼顾、保证重点、勤俭节约的原则。

任何单位和个人不得挤占、挪用消防经费。

第八章 奖惩

第四十六条 学校应当将消防安全工作纳入校内评估考核内容，对在消防安全工作中成绩突出的单位和个人给予表彰奖励。

第四十七条 对未依法履行消防安全职责、违反消防安全管理制度，或者擅自挪用、损坏、破坏消防器材、设施等违反消防安全管理规定的，学校应当责令其限期整改，给予通报批评；对直接负责的主管人员和其他直接责任人员根据情节轻重给予警告等相应的处分。

前款涉及民事损失、损害的，有关责任单位和责任人应当依法承担民事责任。

第四十八条 学校违反消防安全管理规定或者发生重特大火灾的，除依据消防法的规定进行处罚外，教育行政部门应当取消其当年评优资格，并按照国家有关规定对有关主管人员和责任人员依法予以处分。

第九章 附则

第四十九条 学校应当依据本规定，结合本校实际，制定本校消防安全管理办法。

高等学校以外的其他高等教育机构的消防安全管理，参照本规定执行。

第五十条 本规定所称学校二级单位，包括学院、系、处、所、中心等。

第五十一条 本规定自2010年1月1日起施行。

教育部办公厅关于印发《普通高等学校消防安全工作指南》的通知

普通高等学校消防安全工作指南

一级指标	二级指标	具体要求	检查形式和内容
安全责任	领导责任	1. 建立学校法定代表人消防安全责任制 2. 逐级落实校园消防安全责任制和岗位消防安全责任制 3. 确定各级、各岗位消防安全责任人	检查形式：台账检查 检查内容： 1. 制定并落实学校消防安全责任制情况 2. 各级消防安全岗位责任确定： （1）消防安全责任人 （2）消防安全管理人 （3）专职消防管理人员 （4）学生宿舍管理人员 （5）食堂管理人员 （6）实验室管理人员 （7）危险品管理人员 3. 消防安全责任人与学校二级单位负责人签订消防安全责任书（每学年一次） 4. 学校消防安全责任人定期召开学校消防安全工作会议（每学年至少一次）
	制度建设	1. 制定完善学校消防安全管理制度 2. 制定学校消防安全年度工作计划及消防工作年度经费预算 3. 制订完善学校灭火和应急疏散预案 4. 制定完善学校消防安全责任考核和奖惩制度 5. 建立健全学校消防工作档案及消防安全隐患账	检查形式：台账检查 检查内容： 1. 学校消防安全管理制度制定及落实情况 2. 学校消防安全年度计划制订及落实情况 3. 学校消防工作经费纳入学校年度经费预算况，学校日常消防经费和专项经费投入使用情况记录等 4. 学校消防安全责任考核、奖惩制度和细则制定及落实情况 5. 学校、二级单位、消防安全重点单位（部位）灭火和应急疏散预案制订情况，建立应急反应和处置机制情况

续表

一级指标	二级指标	具体要求	检查形式和内容
安全责任	制度建设	6.建立健全学校消防安全备案审查管理制度	6.学校消防工作档案建立情况：应包括年度计划、月度推进表、月度检查情况表、隐患整治台账、工作会议记录、重大活动安全计划方案、日常消防安全教育计划及落实情况、日常消防宣传教育情况、年度消防工作总结等 7.制订有针对性的学校实验室突发事件应急处置预案，并将涉及的生物、化学及易燃易爆物品情况和应对措施等报学校消防机构备案情况
	机构配备	1.设立或者明确负责学校日常消防安全工作的机构（简称学校消防机构） 2.学校消防机构配备专职消防管理人员 3.依法建立志愿消防队、微型消防站等多种形式的消防组织和机构	检查形式：台账检查、实地抽查 检查内容： 1.学校设立或明确学校消防机构的相关文件 2.配备专职消防管理员（不少于2名） 3.学校消防机构履职情况： （1）监督检查校内各单位消防安全责任制的落实情况 （2）每月至少检查一次消防设施和器材的维护、维修及检修情况，确保完好有效，并留有记录 （3）监督指导学校消防安全重点单位（部位）的消防安全工作情况，并留有记录 （4）每学年委托专业机构检测校内消防设施一次，并出具报告 （5）监督检查有关单位做好易燃易爆等危险品的储存、使用和管理工作等情况；校内各单位动用明火作业审批记录情况 （6）在校内新建、扩建、改建及装饰装修工程和公众聚集场所投入使用、营业前消防行政许可或者备案手续的校内备案审查工作 （7）协助有关部门调查处理火灾事故及善后工作的情况 4.学校二级单位和其他驻校单位履职情况： （1）本单位消防安全制度和消防安全操作规程制定及落实情况

一级指标	二级指标	具体要求	检查形式和内容
安全责任	机构配备		（2）本单位消防安全责任考核及奖惩制度制定及落实情况 （3）本单位配置消防设施、器材并确保其完好有效情况 （4）本单位消防档案
安全管理	重点单位（部位）管理	将学生公寓、食堂、超市、校医院、教学楼、图书馆、实验室、危险品仓库、附属幼儿园、礼堂、报告厅等《高等学校消防安全管理规定》（教育部、公安部28号令）第十四条中提到的单（部位），列为学校消防安全重点单位（部位），建立健全消防档案，设置防火标志，实行严格的消防安全管理	检查形式：台账检查、实地抽查、现场演练。 检查内容： 1. 重点单位（部位）名册建立情况 2. 重点单位（部位）的各类消防安全疏散指示标志完好，消防设施器材和应急照明设施有效，疏散通道、安全出口、消防车通道畅通 3. 重点单位（部位）相关消防安全管理制度上墙，管理制度执行落实情况 4. 消防控制室的安全管理情况： （1）消防控制室设置规范，独立专用，配备专职值班人员，并持证上岗。值班人员每日值班、巡查，并记有记录 （2）值班人员对应急处置流程熟知程度，并现场操作各类消防联动设施 5. 重点单位（部位）应急灭火、疏散预案制订及演练情况
安全管理	活动管理	在校内举办文艺、体育、招生和就业咨询等大型活动和展览，须确定专人负责消防安全，保证消防设施和消防器材配置齐全、完好有效，保证疏散通道、安全出口等符合消防技术标准和管理规定，制订灭火和应急疏散预案	检查形式：台账检查。 检查内容： 1. 申报备案（时间、地点、活动人数、应急措施、安全责任人） 2. 大型活动应急预案制订及落实情况 3. 活动前消防安全检查记录 4. 专人负责消防安全职责落实情况
安全检查和整改	消防设施	1. 按照国家有关规定，配置消防设施和器材，设置消防安全疏散指示标志和应急照明设施，每年至少组织一次检测维修，确保消防设施和器材完好有效 2. 保障疏散通道、安全出口、消防车道畅通	检查形式：台账检查、实地抽查。 检查内容： 1. 消防设施和器材及时配置或更新记录台账 2. 消防安全疏散指示标志和应急照明设施设置位置、数量及完好情况 3. 主要消防设施应张贴记载维护保养、检测情况的卡片或记录，检测和维修应存有记录档案

续表

一级指标	二级指标	具体要求	检查形式和内容
安全检查和整改	消防设施		4. 消防设施标识标牌规范醒目，并用文字或图例标明灭火器、消火栓等操作使用方法 5. 建筑疏散通道、安全出口和地面消防车道等设置消防警示提示标识，并保持畅通 6. 对火灾自动报警系统和气体灭火系统的日常维护保养检查记录，保证此类系统处于完好运行状态 7. 消防水管网压力定期测试记录情况
	日常检查	1. 学校每季度至少组织一次全校消防安全检查，校内各单位每月至少进行一次防火自查，消防安全重点单位（部位）进行每日防火巡查 2. 检查、自查和巡查均应填写检查记录，并有相关人员签字存档	检查形式：台账检查 检查内容： 1. 重点单位（部位）每日巡查记录 2. 校内各单位每月自查记录 3. 学校每季度安全检查记录
	隐患整改	1. 对发现的火灾隐患建立台账，提出整改方案，确定整改措施、期限，并落实整改资金，及时予以核查销账 2. 火灾隐患整改完毕，整改情况记录经主管领导签字确认后存档备查	检查形式：台账检查、实地抽查 检查内容： 消防安全隐患台账建立情况： 1. 检查发现火灾隐患情况及记录 2. 限期整改通知书下发底联，并由本单位消防安全责任人签字签收 3. 整改责任、措施、期限、资金、预案的落实情况 4. 火灾隐患整改落实情况 5. 火灾隐患整改完毕后，再次核查销账情况
教育培训演练	消防教育	1. 学校将师生员工的消防安全教育纳入学校消防安全年度工作计划 2. 对每届新生进行不低于4学时的消防安全教育和培训 3. 对师生员工进行灭火器使用方法培训，使师生员工能够正确熟练使用灭火器；对师生员工讲解消火栓的使用方法和安全注意事项	检查形式：台账检查、座谈问卷、现场演练 检查内容： 1. 学校年度消防安全教育计划制订及落实情况 2. 新生入校消防教育记录资料 3. 消防安全专题讲座记录资料 4. 校园消防安全宣传氛围，师生对应知应会消防知识掌握运用情况 5. 进入实验室的学生安全教育记录

一级指标	二级指标	具体要求	检查形式和内容
教育培训演练	消防教育	4. 每学年至少举办一次消防安全专题讲座，并在校园网、广播、校内报刊开设消防安全教育栏目 5. 对进入实验室的学生必须进行安全技能和操作规程培训	
	消防培训	1. 学校将师生员工的消防安全培训纳入学校消防安全年度计划 2. 学校二级单位应组织新上岗和进入新岗位的员工进行上岗前的消防安全培训 3. 学校对安保人员进行消火栓使用培训，使安保人员都能正确使用消火栓。对其他人员应加大消火栓使用培训力度 4. 学校重点单位（部位）应对员工每年至少进行一次消防安全培训	检查形式：台账检查、座谈问卷、现场演练 检查内容： 1. 培训对象： （1）学校及二级单位的消防安全责任人、消防安全管理人 （2）专兼职消防管理人员 （3）学生宿舍管理人员 （4）消防控制室的值班、操作人员 （5）危险品管理及操作人员 （6）志愿消防队员 2. 相关培训记录、签到、考试测评等资料 3. 受培训对象对国家消防法规、本单位（岗位）火灾预防和初期扑救措施、灭火器材基本使用方法等内容掌握运用情况
	消防演练	1. 学校应开展学生自救、逃生等防火安全常识的模拟演练，每学年至少组织一次全校性学生消防演练 2. 校内重点单位（部位）应当按照灭火和应急疏散预案，每学年至少组织一次消防演练	检查形式：台账检查、座谈问卷 检查内容： 学校各类演练的预案、文件、影像材料等

第三部分
养老机构消防安全检查

第一章　养老机构主要火灾风险

第一节　起火风险

养老机构是指为老年人提供住宿、生活照料服务及其他服务项目的设施，是养老院、老人院、福利院、敬老院、老年养护院等的统称。养老机构主要火灾风险如下：

一、明火源风险

1. 在起居室、疗养室及其他室内活动区域违规吸烟，点蜡烛、烧香、明火取暖等。

2. 使用艾灸、拔罐等中医疗法时，未与可燃物保持安全距离。

3. 厨房使用明火不慎、油锅过热起火。

4. 违规进行电焊、气焊、切割等明火作业。

5. 锅炉房的烟囱靠近建筑可燃结构，炽热炉渣处理不当，引燃周围可燃物，烟囱飞火。

二、电气火灾风险

1. 电线未做穿管保护直接穿过或敷设在易燃可燃物上以及炉灶等高温部位周边；电气线路老化、绝缘层破损出现漏电、短路、过热等情况。

2. 电气线路选型不当、连接不可靠；电气线路、电源插座、开关安装敷设在可燃材料上；线路与插座、开关连接处松动，插头与插套接触处松动。

3. 选用或购买不符合国家标准的插座、充电器、用电设备等电器产品；违规使用充电宝、热得快、电热毯、电磁炉、电暖器等大功率电气设备。

4. 电动自行车、电动摩托车及其蓄电池违规在建筑门厅、楼梯间、共用走道等室内公共区域停放、充电。

5. 医疗设备长时间通电或者超负荷、超年限使用。

三、可燃物风险

1. 建筑内外及屋面违规搭建易燃可燃夹芯材料彩钢板房。

2. 建筑外墙外保温材料的燃烧性能不符合要求，外保温材料防护层脱落、破损、开裂，外保温系统防火分隔、防火封堵措施失效。

3. 建筑垃圾、可燃杂物未及时清理，随意堆放在屋顶、楼梯间、疏散走道、地下室、设备用房、电缆井、管道井等区域。

4. 建筑内违规采用易燃可燃材料装修；节庆活动期间使用大量可燃临时装饰物，如氢气球、易燃可燃物挂件、仿真树等。

5. 室内违规存放、使用酒精、氧气瓶等易燃易爆物品。

6. 药品未按照其化学性质、特点分类储存；中草药库房内的中草药未定期检查晾干，引发自然。

第二节　火灾状态下人员安全疏散风险

1. 锁闭安全出口，占用、堵塞疏散通道、消防车道。

2. 常闭式防火门处于常开状态，防烟阻火及正压送风功能受到影响，人员无法利用疏散楼梯间安全逃生。

3. 在起居室、活动室、疗养室的外窗违规设置影响疏散逃生和灭火救援的栅栏或防护网。

4. 消防车通道被违规占用堵塞。

5. 失能或半失能的老年人未安排在便于疏散的楼层。

6. 养老机构从业人员消防安全意识淡薄，不会排查火灾隐患、不会扑救初期火灾、不会火场引导逃生、不会宣传消防知识。

第三节　火灾蔓延扩大风险

1. 违规搭建车棚、广告牌、连廊等占用防火间距。

2. 采用夹芯材料燃烧性能低于A级的彩钢板搭建有人居住或者活动的建筑。

3. 附设在建筑内部的老年人照料设施未采用2.0h的防火隔墙和1.0h的楼板与其他部位分隔，墙上必须设置的门，窗未采用乙级防火门、窗。

4. 管道井、电缆井防火封堵不符合要求，变形缝，伸缩缝防火封堵不到位。

5. 一些规模较小的养老院未按照标准设置独立感烟火灾探测器和简易喷淋灭火设施。

第四节　重点部位火灾风险

一、老年人居住用房

1. 无自理能力或行动不便的失能失智老人，未安排在首层或其他便于疏散的地点。

2. 老年人居室和休息室违规设置在地下、半地下室。

3. 老年人居住、活动建筑以及其他有人居住的房间，违规使用易燃彩钢板搭建。

4. 违规在起居室内使用电热毯、电暖器、热得快等大功率电器设备；将衣物、鞋袜放置在电暖气、"小太阳"等取暖设备上或者周边烘烤。

二、老年人活动、康复与医疗用房

1. 建筑面积大于200m^{2}且使用人数大于30人的老年人公共活动用房、康复与医疗用房违规设置在地下、半地下或者地上四层及以上楼层。

2. 违规采用易燃可燃材料装饰装修。

3. 设有中心供氧系统的养老服务机构，供氧站与周边建筑、火源、热源未保持安全距离。

三、餐饮区域

1. 使用电加热设施设备烹饪食品的，电气线路未安装漏电保护装置；蒸箱、烤箱、微波炉、搅拌机、绞肉机等大功率电器长时间运行或故障发热等情况。

2. 厨房装修材料的燃烧性能不符合要求，餐厅采用大量易燃可燃装饰、装修材料。

3. 厨房排油烟罩、油烟道未定期清洗，聚集大量易燃可燃油污，遇有做饭明火或高温烟气引发火灾。

4. 厨房与其他区域的防火分隔不到位，未采用乙级防火门和耐火极限不低于2.0h的防火隔墙与其他部位分隔。

5. 设置在地下室、半地下室内的厨房违规使用液化石油气；使用燃气的厨房未按标准安装可燃气体探测报警器。

6. 燃气管线、连接软管、灶具老化，生锈，超出使用年限，未定期检测维护。

7. 违规使用和存储甲、乙类火灾危险性的醇基燃料，将醇基燃料与其他燃料混用。醇基燃料的储存容器未采用金属材质闭式储存设施，总容量大于15m³。

8. 厨房未落实关火、关电、关气等措施；厨房员工不会操作使用灭火器、灭火毯、厨房自动灭火系统等消防设施器材，不会紧急切断电源、气源。

四、配电室

1. 配电室内建筑消防设施设备的配电柜、配电箱无明显标识。

2. 配电室开向建筑内的门未采用甲级防火门；配电室内堆放可燃杂物。

3. 配电室值班人员不掌握火灾状况下切断非消防设备供电、确保消防设备正常供电的操作方法。

4. 配电室未按要求配置灭火器。

五、锅炉房

1. 燃气锅炉房内未设置可燃气体探测报警装置，未设置泄压设施。

2. 燃油锅炉房储油间轻柴油总储存量大于$1m^3$，防火隔墙上开设的门未采用甲级防火门。

3. 未采用防爆型灯具；事故排风装置未保持完好。

4. 锅炉房设置在人员密集场所的上、下层或毗邻位置，以及主要通道、疏散出口的两侧。

六、柴油发电机房

1. 柴油发电机润滑油位、过滤器、燃油量、蓄电池电位、控制箱不正常。

2. 机房内储油间总储存量大于$1m^3$，防火隔墙上开设的门未采用甲级防火门。

3. 柴油发电机房堆放可燃杂物。

4. 发电机未定期维护保养，未落实每月至少启动一次要求。

5. 未采用防爆型灯具；事故排风装置未保持完好。

第二章　养老机构消防安全检查要点

第一节　消防安全管理

一、消防档案

（一）消防档案要求

重点单位应当建立健全消防档案，其他单位应当将本单位的基本情况、消防机构填发的各种法律文书与消防工作有关的工作材料和记录统一保管备查。

消防档案应包括消防安全基本情况和消防安全管理情况，档案内容翔实，能全面反映单位消防工作基本情况，并附有必要的图表，根据实际情况及时更新。

（二）消防安全基本情况档案

1. 建筑的基本概况和消防安全重点部位情况。

2. 所在建筑消防设计审查、消防验收或消防设计、消防验收备案相关资料。

3. 消防组织和各级消防安全责任人。

4. 微型消防站设置及人员、消防装备配备情况。

5. 相关租赁合同。

6. 消防安全管理制度和保证消防安全的操作规程，灭火和应急疏散预案。

7. 消防设施、灭火器材配置情况。

8. 专职消防队、志愿消防队人员及其消防装备配备情况。

9. 消防安全管理人、自动消防设施操作人员、电气焊工、电工、易燃易爆危险品操作人员的基本情况。

10. 新增消防产品质量合格证，新增建筑材料和室内装修、装饰材料的防火性能证明文件。

（三）消防安全管理情况档案

1. 消防安全例会记录或会议纪要、决定。

2. 消防救援机构填发的各种法律文书。

3. 消防设施定期检查记录、自动消防设施全面检查测试的报告、单位与具有相关资质的消防技术服务机构签订维护保养合同以及维修保养的记录（记录要有消防技术服务机构公章和人员签字）。

4. 火灾隐患、重大火灾隐患及其整改情况记录。

5. 消防控制室值班记录。

6. 防火检查、巡查记录。

7. 有关燃气、电气设备检测，动火审批，厨房烟道清洗等工作的记录资料。

8. 消防安全培训记录。

9. 灭火和应急疏散预案的演练记录。

10. 各级和各部门消防安全责任人的消防安全承诺书。

11. 火灾情况记录。

12. 消防奖励情况记录。

二、消防安全责任制落实

实地抽查提问消防安全责任人、管理人，检查是否熟知以下工作职责：

（一）消防安全责任人工作职责

1. 贯彻执行消防法律法规，保障单位消防安全符合国家消防技术标准，掌握本单位的消防安全情况，全面负责本场所的消防安全工作。

2. 统筹安排本场所的消防安全管理工作，批准实施年度消防工作计划。

3. 为本单位的消防安全管理工作提供必要的经费和组织保障。

4. 确定逐级消防安全责任，批准实施消防安全管理制度和保障消防安全的操作规程。

5. 组织召开消防安全例会，组织开展防火检查，督促整改火灾隐患，及时处理涉及消防安全的重大问题。

6. 根据有关消防法律法规的规定建立专职消防队、志愿消防队（微型消防站），并配备相应的消防器材和装备。

7. 针对本场所的实际情况，组织制订符合本单位实际的灭火和应急疏散预案，并实施演练。

（二）消防安全管理人工作职责

1. 拟订年度消防安全工作计划，组织实施日常消防安全管理工作。

2. 组织制定消防安全管理制度和保障消防安全的操作规程，并检查督促落实。

3. 拟订消防安全工作的经费预算和组织保障方案。

4. 组织实施防火检查和火灾隐患整改。

5. 组织实施对本单位消防设施、灭火器材和消防安全标志的维护保养，确保其完好有效和处于正常运行状态，确保疏散通道、走道和安全出口、消防车通道畅通。

6. 组织管理专职消防队或志愿消防队（微型消防站），开展日常业务训练，组织初起火灾扑救和人员疏散。

7. 组织从业人员开展岗前和日常消防知识、技能的教育和培训，组织灭火和应急疏散预案的实施和演练。

8. 定期向消防安全责任人报告消防安全情况，及时报告涉及消防安全的重大问题。

9. 管理单位委托的物业服务企业和消防技术服务机构。

10. 单位消防安全责任人委托的其他消防安全管理工作。

未确定消防安全管理人的单位，上述规定的消防安全管理工作由单位消防安全责任人负责实施。

三、消防安全管理制度

（一）消防安全制度内容

1. 消防安全教育、培训。

2. 防火巡查、检查；安全疏散设施管理。

3. 消防控制室值班。

4. 消防设施、器材维护管理。

5. 用火、用电安全管理。

6. 微型消防站的组织管理。

7. 灭火和应急疏散预案演练。

8. 燃气和电气设备的检查和管理。

9. 火灾隐患整改。

10. 消防安全工作考评和奖惩。

11. 其他必要的消防安全内容。

（二）多产权、多使用单位管理

1. 应明确多产权、多使用单位或者承包、租赁、委托经营单位消防安全责任。

2. 消防车通道、涉及公共消防安全的疏散设施和其他建筑消防设施应当由产权单位或者委托管理的单位统一管理。

3. 在与租户或业主签订相关租赁或者承包合同时，应在合同内明确各方的消防安全职责。各业主应当在各自职责范围内履行职责。

4. 实行统一管理时应制定统一的管理标准、管理办法，明确隐患问题整改责任、整改资金、整改措施。

（三）防火巡查、检查

1. 翻阅《防火巡查记录》《防火检查记录》，查看是否至少每日进行一次防火巡查、每2.0h进行一次夜间防火巡查、每个月进行一次防火检查，是否如实登记火灾隐患情况。

2. 《防火巡查记录》《防火检查记录》中，巡查、检查人员和管理人是否分别在记录上签名，并通过核对笔迹的方式确定签字的真实性。

3. 对照单位的《防火巡查记录》《防火检查记录》中记录的隐患，实地查看整改及防范措施的落实情况。

（四）消防安全培训教育

1. 应对全体员工至少每半年进行一次消防安全培训，对新上岗和进入新岗位的员工应进行岗前消防安全培训。

2. 培训内容应以教会员工电气等火灾风险及防范常识，灭火器和消火栓的使用方法，防毒防烟面具的佩戴，人员疏散逃生知识等为主。

3. 查看员工消防安全培训记录、培训照片等资料是否真实，是否记明培训的时间、参加人员、内容，参训人员是否签字，随机抽查单位员工消防安全"四个能力"（即检查消除火灾隐患能力、组织扑救初起火灾能力、组织人员疏散逃生能力、消防宣传教育培训能力）掌握情况。

消防安全教育培训记录表			
培训时间		培训地点	
参加人数		授课人	
参加培训人员：			
培训内容： **消防安全知识"三懂"** 一、懂本单位火灾危险性 　　1.防止触电；2.防止引起火灾；3.可燃、易燃品、火源。 二、懂预防火灾的措施 　　1.加强对可燃物质的管理；2.管理和控制好各种火源；3.加强电气设备及其线路的管理；4.易燃易爆场所应有足够的适用的消防设施，并要经常检查做到会用、有效。 三、懂灭火方法 　　1.冷却灭火方法；2.隔离灭火方法；3.窒息灭火方法；4.抑制灭火方法。			

消防安全知识"四会"

一、会报警

　　1.大声呼喊报警，使用手动报警设备报警；2.如使用专用电话、手动报警按钮、消火栓按键击碎等；3.拨打119火警电话，向当地消防救援机构报警。

二、会使用消防器材

　　拔掉保险销，握住喷管喷头，压下提把，对准火焰根部即可。

三、会扑救初期火灾

　　在扑救初期火灾时，必须遵循：先控制后消灭，救人第一，先重点后一般的原则。

四、会组织人员疏散逃生

　　1.按疏散预案组织人员疏散；2.酌情通报情况，防止混乱；3.分组实施引导。

消防安全"四个能力"基本内容

　　1.检查消除火灾隐患能力：查用火用电，禁违章操作，查通道出口，禁堵塞封闭，查设施器材，禁损坏挪用，查重点部位，禁失控漏管；2.扑救初起火灾能力：发现火灾后，起火部位员工1分钟内形成第一灭火力量，火灾确认后，单位3分钟内形成第二灭火力量；3.组织疏散逃生能力：熟悉疏散通道，熟悉安全出口，掌握疏散程序，掌握逃生技能；4.消防宣传教育能力：消防宣传人员，有消防宣传标志，有全员培训机制，掌握消防安全常识。

微型消防站"三知四会一联通"

　　1."三知"：微型消防站队员要知道单位内部消防设施位置、知道疏散通道和出口、知道建筑布局和功能；2."四会"：会组织疏散人员、会扑救初起火灾、会穿戴防护装备、会操作消防器材；3."一联通"：消防救援支队或大中队与微型消防站、微型消防站与队员保持通信联络畅通。

培训照片：

（五）灭火和应急疏散预案及演练

1.应至少每半年组织一次全员参与的灭火和应急疏散预案演练。

2.翻阅灭火和应急疏散预案，查看是否有针对性地制订灭火和应急疏散预案，是否根据建筑改造、人员调整等情况，及时进行修订。灭火和应急疏散预案应当至少包括下列内容。

（1）建筑的基本情况、重点部位及火灾风险分析。

（2）明确火灾现场通信联络、灭火、疏散、救护、对接消防救援力量等任务的负责人、组成人员及各自职责。

（3）火警处置程序。

（4）应急疏散的组织程序和措施。

（5）扑救初起火灾的程序和措施。

（6）通信联络、安全防护和人员救护的组织与调度程序和保障措施。

3. 翻阅演练记录、照片等材料，查看演练的时间、地点、内容、参加人员是否属实，演练是否以人员集中、火灾危险性较大和重点部位为模拟起火点、是否全员参与、是否按照预案内容进行模拟演练，并随机询问员工是否熟知本岗位职责、应急处置程序等情况。

消防演练记录表

演练时间		演练地点	
组织部门		演练责任人	
演练内容			
演练方案			
参加人员			
演练实施情况			
演练小结：			
对预案的改进意见：			

记录人（签名）：　　　　　　消防安全管理人（签名）：

（六）消防宣传提示

1. 应在安全出口处张贴"三自主两公开一承诺"（自主评估风险、自主检查安全、自主整改隐患，向社会公开消防安全责任人、管理人，并承诺本场所不存在突出风险或者已落实防范措施）公示牌。

2. 要营造单位内部宣传氛围，利用内部LED电子显示屏、大屏幕和楼内广播等滚动播放消防安全常识。

3. 各楼层在显著位置张贴宣传挂图以及安全疏散逃生示意图，疏散指示图上应标明疏散路线、安全出口和疏散门、人员所在位置和必要文字说明。

4. 配电室、厨房和库房等重点部位张贴火灾风险提示。

第二节　微型消防站建设

设有消防控制室的养老机构应建立微型消防站，并按以下要求设置：

一、人员设置

1. 人员数量设置原则上不少于6人。

2. 应结合实际设站长、队员等岗位。

3. 站长由单位消防安全管理人担任，队员由其他员工担任。

二、日常工作职责

1. 应定期组织开展业务训练，每个月至少开展一次全员拉动测试。

2. 人员应保持随时在岗在位，确保接到火警信息后能各负其责，"3分钟到场"进行处置。

3. 要具备"三知四会"能力，即知道消防设施和器材位置、知道疏散通道和出口、知道建筑布局和功能；会组织疏散人员、会扑救初起火灾、会穿戴防护装备和会操作消防器材。

4. 站长职责

（1）负责微型消防站日常管理。

（2）组织制订及落实各项管理制度和灭火应急预案。

（3）组织防火巡查。

（4）组织消防宣传教育和应急处置训练。

（5）指挥初起火灾扑救和人员疏散。

（6）对发现的火灾隐患和违法行为进行及时整改。

5. 队员职责

（1）应熟练掌握消防设施、器材的性能和操作使用方法。

（2）熟悉设施器材的设置位置和灭火应急预案内容，发生火灾时主要负责扑救初起火灾、组织人员疏散工作。

（3）日常负责防火安全巡查检查工作。

6. 重要保卫时段工作职责

在重大活动、重要节假日和重要时间节点，加强力量重点防护，并做好如下工作：

（1）对单位内部疏散通道、厨房、库房等重点区域开展一次消防安全自查。

（2）对电气线路敷设、电器产品的使用开展一次检查。

（3）对自动消防设施进行一次联动测试。

（4）开展一次全员培训和应急疏散演练。

（5）将活动详情和应急处置预案报告给当地消防救援部门。

三、器材配备

应当根据本场所火灾危险性特点，每人配备手台、防毒防烟面罩等灭火、通信和个人防护器材装备。

四、火场处置流程

1. 发现火灾后，应向消防控制室报告火灾情况，并利用就近的消火栓、灭火器、消防水桶等器材扑救火灾。

2. 消防控制中心确认火警信息后，应立即启动消防应急广播等消防设施，同时报火警119，通知相关人员迅速开展应急处置工作。

3. 负责灭火工作的人员应快速前往起火点，进行灭火。

4. 负责疏散工作的人员应佩戴防毒防烟面罩，指挥、引导各楼层人员向安全出口撤离。

5. 负责对接消防救援力量的人员应在室外将到场的消防车引向距起火点最近的安全出口处。

第三节 消防安全重点部位

一、老年人居住用房

1. 失能失智老年人应当安排在建筑较低楼层和便于疏散的地点，并逐一明确疏散救护人员。

2. 养老服务机构内老年人居室和休息室不得设置在地下室、半地下室。

3. 平时需要控制人员出入或设有门禁系统的疏散门，应当有火灾时可立即断电开启等可靠措施。

4. 安全出口、疏散通道上不得安装栅栏、卷帘门。外窗不得设置影响疏散逃生和灭火救援的栅栏或防护网，确需设置的，应当留有应急逃生窗口。

5. 养老服务机构不得设置在违法建筑内；不得与厂房、仓库以及经营、存放和使用甲乙类火灾危险性物品的商店、作坊和储藏间设置在同一建筑内；与其他场所设置在同一建筑内的，应当进行防火分隔，且有独立的对外出入口。

6. 老年人生活及活动区域应禁止吸烟，相应场所设置禁烟标志。应设置固定的吸烟室，吸烟室内配备简易的消防设施、安全提示标语等。

二、老年人活动、康复与医疗用房

1. 大型文娱与健身用房宜设置在建筑首层。

2. 营造各类节庆活动、主题活动氛围时，室内装饰品不得大量使用易燃可燃材料，且远离用火用电设施，活动后应及时拆除。

3. 使用电磁波治疗仪等发热式医疗设备时，应当远离可燃物，使用完毕及时切断电源。

三、餐饮区域

1. 厨房应采用耐火极限不低于2.0h的防火隔墙和乙级防火门、窗与其他部位分隔。

2. 厨房的顶棚、墙面、地面应采用不燃材料装修。

3. 不得违规使用醇基液体燃料和轻质白油，设置在地下室、半地下室内的厨房严禁使用液化石油气；不得使用液化气罐。

4. 燃气灶的连接软管不能有裂纹、破损，连接牢靠。

5. 应配备灭火毯、灭火器；采用可燃气体做燃料的厨房，应设置可燃气体浓度报警装置。

6. 烟罩应定期清洗，油烟管道应每季度至少清洗一次并有清洗前后对比照片的记录。

四、配电室

1. 配电室应设置甲级防火门并设置警示标志。

2. 配电室内应配备二氧化碳灭火器和应急照明。

3. 配电室内不得堆放杂物。

五、柴油发电机房

1. 应采用耐火极限不低于2.0h的防火隔墙和1.5h的不燃性楼板与其他部

位分隔，门应采用甲级防火门。

2. 机房内设置储油间时，其总储存量不应大于$1m^3$，储油间应采用耐火极限不低于3.0h的防火隔墙与发电机间分隔；确需在防火隔墙上开门时，应设置甲级防火门。

3. 应设置应急照明和消防电话。

4. 手动启动柴油发电机，查看是否能正常启动。

六、库房

1. 应采用耐火极限不低于2.0h的隔墙和乙级防火门、窗与其他区域完全分隔。

2. 库房内敷设的电气线路应穿金属管保护，照明灯具下面半米内不应有可燃物。

3. 库房内严禁使用明火。

4. 库房严禁储存易燃易爆危险品。

七、锅炉房

1. 疏散门应直通室外或安全出口。

2. 燃气、燃油锅炉房与其他部位之间应采用耐火极限不低于2.0h的防火隔墙和1.5h的不燃性楼板分隔，在隔墙和楼板上不应开设洞口，确需在隔墙上设置门、窗时，应采用甲级防火门、窗。

3. 锅炉房内设置储油间时，其总储存量不应大于$1m^3$，且储油间应采用耐火极限不小于3.0h的防火隔墙与锅炉间分隔；确需在防火隔墙上设置门时，应采用甲级防火门。

4. 燃油、燃气锅炉房应设置火灾报警装置。

八、电气管理

1. 选用符合国家标准、行业标准的电气线路、电气设备，电气线路规格应与用电负荷相匹配，严禁超负荷运行。严禁超负荷用电。

2. 电气线路敷设、电气设备安装、维修应当由取得特种作业操作证的电工实施。电气线路应当采取穿阻燃管保护措施。

3. 严禁私拉乱接电线，严禁擅自增加用电设备，严禁使用热得快、电热毯、电暖器等大功率用电设备。

4. 开关、插座和照明灯具靠近可燃物时，应当采取隔热、散热等措施。

5. 定期对电气线路、电气设备进行检查、维护、保养，每年对电气线路开展一次全面检测。

6. 养老服务机构应当根据需要设置集中的电动自行车、电动摩托车、电动轮椅停放、充电场所，设置符合用电安全要求的充电设施。电动自行车、电动摩托车及其蓄电池严禁在室内、安全出口停放、充电，电动轮椅集中充电场所应当与其他区域采取防火分隔措施。

九、用火管理

1. 老年人居室及其他室内活动区域禁止吸烟、点蜡烛、烧香、明火取暖。

2. 使用熏香、蚊香等物品或实施艾灸、拔罐等中医疗法时应当落实全过程火源管控，熏香、蚊香应当放置于带有防护罩的金属等不燃器具内，并与可燃物保持一定距离。

3. 电焊、气割等作业应当由具备特种作业操作证的焊工实施。作业前应办理动火审批手续，落实专人全程看护措施，清理周边可燃物，作业后确保周边火种熄灭并清理完毕。

十、装修材料

1. 养老服务机构应当选用燃烧性能等级符合现行国家标准要求的室内装修、装饰材料。

2. 禁止使用聚苯乙烯、聚氨酯泡沫等夹芯材料燃烧性能低于A级的彩钢板搭建有人居住或者活动的建筑。

第四节　疏散救援设施

一、消防车通道

1. 消防车通道应保持畅通，不应被占用、堵塞、封闭。

2. 不应设置妨碍消防车通行的停车泊位、路桩、隔离墩、地锁等障碍物，并须设有严禁占用等标志，在地面设有标识线。

3. 消防车道靠建筑外墙一侧的边缘距离建筑外墙不宜小于5m。

4. 消防车道与建筑之间不应设置妨碍消防车操作的树木、架空管线等障碍物。

5. 道路的净宽度和净空高度应满足消防车安全、快速通行的要求，消防车道的坡度不宜大于10%。

二、安全出口及疏散楼梯

1. 安全出口数量不应少于2个，疏散门应向外开启，不能采用卷帘门、转门和侧拉门，不能上锁和封堵，应保持畅通。

2. 老年人建筑公用外门净宽不得小于1.1m，户室内通过式走道净宽不应小于1.2m；老年人公共建筑的通过式走道净宽不宜小于1.8m。疏散楼梯应采用缓坡设计，梯段净宽不应小于1.2m，且不得采用扇形踏步，不得在平台区内设踏步。

3. 楼梯间内不能堆放杂物，严禁设置烧水间、可燃材料储藏室。

4. 通向室外疏散楼梯的门应采用乙级防火门，应向外开启，不应正对楼梯段。

5. 室外疏散楼梯的梯段和缓台均应采用不燃材料制作，缓台不应采用金属材料。

第五节　消防设施器材

一、疏散指示标志

1. 疏散指示标志不应被遮挡。

2. 应选择采用节能光源的灯具，标志灯应选择持续型灯具。其中安全出口标志灯应安装在安全出口或疏散门内侧上方居中的位置。疏散指示标志应设置在疏散走道及其转角处距地面高度1m以下的墙面或地面上，当安装在疏散走道、通道上方时，室内高度不大于3.5m的场所，标志灯底边距地面的高度宜为2.2m~2.5m；室内高度大于3.5m的场所，特大型、大型、中型标志灯底边距地面高度不宜小于3m，且不宜大于6m。

3. 灯光疏散指示标志的标志面与疏散方向垂直时，灯具的设置间距不应大于20m；标志灯的标志面与疏散方向平行时，灯具的设置间距不应大于10m。

二、应急照明灯

1. 安全出口的正上方，建筑内的疏散走道，封闭楼梯间、防烟楼梯间及其前室、消防电梯间的前室或合用前室、观众厅、展览厅、多功能厅和建筑面积大于200m²的人员密集的场所顶棚墙面上应设置应急照明灯。

2. 平时主电状态是绿灯、故障状态是黄灯、充电状态是红灯，现场按下测试按钮，应保持常亮状态。

3. 连续供电时间不应少于0.5h。

三、灭火器

1. 一般都是配备ABC干粉灭火器，压力表指针在绿区；机房、配电室等电气设备用房应配备二氧化碳灭火器。

2. 灭火器应有红色消防产品身份标识，每个计算单元内配置的灭火器数量不得少于2具，每个设置点的灭火器数量不得多于5具。老人住宿床位50张及以上的养老院应配备5kg及以上干粉灭火器，50张床位以下的配备3kg及以上的干粉灭火器。

3. 灭火器应放在明显和便于取用的地点，灭火器箱不应被遮挡、上锁，开启应灵活。

4. 灭火器的零部件齐全，无松动、脱落或损伤，铅封等保险装置无损坏或遗失。

5. 喷射软管应完好，无明显裂纹，喷嘴无堵塞。

6. 灭火器的筒体无明显缺陷、无锈蚀（特别查看筒底）。

7. 干粉灭火器、二氧化碳灭火器出厂期满5年后进行首次维修，之后每2年维修一次；二氧化碳灭火器的报废期限为12年，干粉灭火器的报废期限为10年。

四、防火门

1. 常闭式防火门应有红色的消防产品合格标志，且处于关闭状态，门扇启闭应灵活，无关闭不严的现象；门框、门扇、门槛、把手、锁、防火密封条、闭门器、顺序器等组件应保持齐全、好用。

2. 常闭式防火门应有"保持常闭"字样的标识。

3. 门框上的缝隙、孔洞应采用水泥砂浆等不燃烧材料填充。

4. 释放单扇防火门，门扇应能自动关闭；释放双、多扇防火门，观察门扇是否能实现顺序关闭，并保持严密。

5. 常开式防火门检查时，按下其释放器的手动按钮，防火门应自行关闭且严密，闭门信号应传送至消防控制室。

五、室内消火栓系统

1. 消火栓不应被埋压、圈占、遮挡。

2. 消火栓箱门应张贴操作说明，能正常开启且开启角度不小于120°。

3. 水带、水枪、接口应齐全，水带不应破损，水带与接口应牢靠，消火栓栓口方向应向下或与墙面成90°角。检查时，应在顶层进行出水测试，水压符合要求。

4. 设有消火栓报警按钮的，接线应完好，有巡检指示功能的其巡检指示灯应闪亮。

5. 按下消火栓按钮，指示灯应常亮，火灾报警控制柜应收到反馈信号。

6. 消防软管卷盘的胶管不应粘连、开裂，与喷枪、阀门等连接应牢固；阀门操作手柄应完好；打开供水阀，各连接处无渗漏；开启喷枪，检查其喷水情况应正常。

六、室外消火栓系统

1. 室外消火栓不应被埋压、圈占、遮挡。

2. 地下消火栓应有明显标识，井盖能顺利开启，井内不能存有积水以及妨碍操作的杂物等。

3. 使用消火栓扳手检查消火栓闷盖、阀杆操作应灵活。

4. 连接消防水带测试室外消火栓，供水压力应符合规定，栓口无漏水现象。

5. 冬季应做好防寒措施。

七、火灾自动报警系统

（一）火灾探测器

1. 火灾探测器0.5m范围内不应有障碍物。

2. 火灾探测器（常见感温探测器）平时巡检灯应闪亮，现场对顶棚的感烟探测器进行吹烟测试，感烟探测器应处于常亮状态，报警控制器应能够显示火灾报警信号，能打印火灾信息，系统显示时间应和实际时间一致。

3. 不得出现被摘除、损坏或是未摘掉防尘罩等违法行为。

（二）手动火灾报警按钮

1. 具有巡检指示功能的手动报警按钮的指示灯应正常闪亮，表面无破损，周围不应存在影响辨识和操作的障碍物。

2. 按下手动报警按钮进行报警试验，报警确认灯应常亮，核实火灾报警控制器应接收到其发出的火警信号。

八、自动喷水灭火系统

1. 检查末端试水装置组件（试水阀门、试水接头、压力表）是否完整，压力不应低于0.05MPa。

2. 末端试水装置应有醒目标志，地面应设置排水设施。

3. 打开末端试水放水阀进行放水试验，5分钟内消防水泵应自动启动，同时火灾报警控制器上应有水流指示器、压力开关报警信号及消防水泵的动作反馈信号。

九、消防水泵

1. 消防水泵房应设置应急照明和消防电话，采用耐火极限不低于2.0h的防火隔墙和1.5h的楼板与其他部位分隔；疏散门应直通室外或安全出口，开向疏散走道的门应采用甲级防火门。

2. 消防水泵应注明系统名称，应有主、备泵标识，消防给水设施的管道阀门应有开/关的状态标识。

3. 消防水泵控制柜转换开关应处于"自动"运行模式；将消防水泵控制的转换开关置于"手动"模式，分别按下主、备泵的"启动"按钮，待"启动"指示灯亮起再按下相应的"停止"按钮，水泵应能正常启动和停止。

4. 在消防控制室消防联动控制器上进行手动启、停消防泵的操作，泵组启、停应正常，控制器应有消防泵启动、动作反馈和停止的信号显示。

十、稳压设施

1. 气压罐及其组件外观不应存在锈蚀、缺损情况，标志应清晰、完整。

2. 电气控制箱应处于通电状态，将电气控制箱旋钮调至"手动"模式，分别按下主、备泵的"启动"按钮，待"启动"指示灯亮起再按下相应的"停止"按钮，稳压泵应能正常启动和停止。

3. 稳压系统的电接点压力表应有启停泵数值参数标识。

十一、消防水泵接合器

1. 水泵接合器设置应不被埋压、圈占、遮挡，应设置永久性标牌标明所属系统和区域，相关组件应完好有效。

2. 地下式水泵接合器井内无积水，应有防冻措施。

十二、防排烟设施

排烟系统分为自然排烟系统和机械排烟系统；防烟系统分为自然通风系统和机械加压送风系统。

（一）自然排烟设施

自然排烟主要利用可开启的外窗进行排烟。

（二）机械排烟系统

1. 排烟风机的铭牌应牢固，应有注明系统名称和编号的醒目标识；风机与风管连接处应严密，连接材料不应老化和破损且周围不应存放可燃物。

2. 排烟风机房内不应堆放杂物，应设置应急照明和消防电话。

3. 控制柜应有注明系统名称和编号的醒目标识；仪表、指示灯应正常，转换开关应处于"自动"运行模式。

4. 在风机控制柜或消防控制室消防联动控制器转换开关处于"自动"运行模式时，按下"启动"按钮，风机应能正常启动并有反馈信号，在排烟口处用纸张进行风向和风量的测试，纸张应能被吸住，按下"停止"按钮，风机应停止运行并有反馈信号。

（三）机械加压送风系统

1. 风机的铭牌应牢固，应有注明系统名称和编号的醒目标识；风机与风管连接处应严密，连接材料不应老化和破损且周围不应存放可燃物。

2. 风机房内不应堆放杂物，应设置应急照明和消防电话。

3. 控制柜应有注明系统名称和编号的醒目标识；仪表、指示灯应正常，转换开关应处于"自动"运行模式。

4. 在风机控制柜或消防控制室消防联动控制器转换开关处于"自动"运行模式时，按下"启动"按钮，风机应能正常启动并有反馈信号，在送风口处进行风向和风量的测试，送风口应能明显感觉有风吹出，按下"停止"按钮，风机应停止运行并有反馈信号。

十三、消防控制室

1. 疏散门应直通室外或安全出口，开向建筑内的门应采用乙级防火门。

2. 室内应设置应急照明以及外线电话。

3. 应实行24小时专人值班制度，每班不少于2人，值班人员应持有四级（中级）及以上等级证书。

4. 应查阅《消防控制室值班记录》（值班人员应每2小时记录一次值班情况）、《建筑消防设施巡查记录表》、《建筑消防设施检测记录表》，通过查阅火灾报警控制器的历史信息，对比值班记录，检查值班人员记录火警或故障等信息是否及时。

5. 查阅交接班记录，检查交接班记录是否填写规范，并通过对照笔迹的方式查看是否由本人签字。

6. 火灾报警控制器应设在自动状态，按下火灾报警控制器自检按钮，火灾报警声、光信号应正常，切断火灾报警控制器的主电源，备用电源应自动投入运行。

7. 应询问值班人员是否熟知火灾处置流程。

8. 应存放各类消防资料、台账及火灾报警地址码图。

第三章　养老机构消防安全管理相关文件

社会福利机构消防安全管理十项规定

一、落实消防安全责任。社会福利机构应当依法建立并落实逐级消防安全责任制，明确各级、各岗位的消防安全职责。

社会福利机构的法定代表人或者主要负责人对本单位消防安全工作负总责。属于消防安全重点单位的社会福利机构应当确定一名消防安全工作专业人员为消防安全管理人，负责组织实施日常消防安全管理工作，主要履行制定落实年度消防工作计划和消防安全制度，组织开展防火巡查和检查、火灾隐患整改、消防安全宣传教育培训、灭火和应急疏散演练等职责。

社会福利机构应当明确消防工作管理部门，配备专（兼）职消防管理人员，建立志愿消防队，具体实施消防安全工作。

二、开展防火检查。社会福利机构应当每月至少组织各部门负责人开展一次防火检查，做好检查记录，重点检查以下内容：

（一）消防安全管理制度落实情况。

（二）每日防火巡查是否落实，是否发现并及时消除隐患。

（三）护理人员、保安、电工、厨师等员工是否掌握防火灭火常识和疏散逃生技能。

（四）起居室、疗养室、病房、活动室、厨房等重点部位防火工作落实情况。

（五）消防设施设备运行和维护保养情况。

（六）设有消防控制室的，值班和管理情况。

（七）电气线路、用电设备和燃气管道、液化气瓶、灶具定期检查情况，电气线路是否采取穿管等保护措施。

（八）厨房灶台、油烟罩和烟道清理情况。

（九）火灾隐患整改和防范措施落实情况。

对发现的消防安全问题，应当及时督促整改。

三、落实每日防火巡查。社会福利机构应当安排专人进行每日防火巡查，养老机构还应当组织夜间防火巡查，且不应少于两次，做好巡查记录，重点巡查以下内容：

（一）有无玩火、违规吸烟和违章动用明火现象，使用蚊香、蜡烛、煤炉时是否落实防护措施。

（二）有无违规用电，使用电热毯、电磁炉、热得快等大功率电热器具。

（三）消防设施设备是否正常工作，消火栓、灭火器等消防设施器材是否被遮挡、损坏。

（四）安全出口、疏散通道、消防车通道是否畅通，应急照明、安全疏散指示标志是否完好。

（五）消防安全重点部位值守人员是否在岗在位。

（六）常闭式防火门是否处于关闭状态，防火卷帘下是否堆放物品。

对巡查中发现的问题要当场处理，不能处理的要及时上报，落实整改和防范措施。

四、配备消防设施器材。社会福利机构应当按照国家、行业标准配置消防设施、器材。对不需要设置自动消防系统的建筑，应当加强物防、技防措施，在服务对象住宿和主要活动场所安装独立式感烟火灾探测报警器和简易喷淋装置，配备应急照明和灭火器。

五、加强消防设施管理。社会福利机构应当依照规定对建筑消防设施、器材进行维护保养和检测，确保完好有效。设有自动消防设施的，可以委托具有相应资质的消防技术服务机构进行维护保养，每月出具维保记录，每年至少全面检测一次。

六、严格消防控制室管理。设有消防控制室的，工作人员应当持有消防行业特有工种职业资格证书，实行每日24小时专人值班制度，每班不少于两人，在值班时间严禁脱岗、擅离职守。

自动消防设施的各种联动控制设备应当处于正常工作状态，火灾自动报警、自动喷水灭火、防排烟系统应当设在自动状态，消防水泵、防排烟风机、防火卷帘等消防用电设备的配电柜启动开关应当处于自动位置（通电状态）。

消防控制室应当在明显位置张贴消防控制室管理制度和值班应急处置程序。值班人员接到火灾警报后，应当立即以最快方式确认；确认火灾后，立即确认联动控制开关处于自动状态，同时拨打"119"报警，并立即启动单位应急疏散和灭火预案。

七、设置消防安全标识。社会福利机构应当针对特殊服务对象特点，在疏散通道、安全出口和重要场所、重点部位的显著位置设置消防安全警示、提示标识，在消防设施、器材上设置醒目的标识，并标明操作使用方法。

八、开展消防安全教育培训。社会福利机构应当对所有员工每半年至少开展一次消防安全培训。员工新上岗、转岗前应当经过岗前消防安全培训。所有员工应当了解本岗位火灾危险性和防火措施，会报火警、会扑救初起火灾，会组织疏散逃生。

社会福利机构应当结合服务对象的身体、心理健康状况，有针对性地开展防火常识和逃生自救教育。

九、制订预案并开展消防演练。社会福利机构应当制订本单位灭火和应急疏散预案，明确每班次、各岗位人员负责报警、疏散、扑救初起火灾的职责，并每半年至少演练一次。

社会福利机构应当结合单位实际，对特殊服务对象制订专门疏散预案，明确负责疏散的工作人员及其职责，并配备轮椅、担架等疏散工具，定期组织演练并及时修改完善预案。除组织有自理能力的服务对象有序疏散外，对无自理能力或者行动不便的服务对象，原则上应当安排在建筑较低层和便于疏散的地点，并逐一明确疏散救护人员。

十、禁止行为。

（一）严禁使用未经消防行政许可或者备案的建筑、场所。

（二）严禁采用夹芯材料燃烧性能低于A级的彩钢板搭建有人居住或者活动的建筑。

（三）严禁私拉乱接电线，超负荷用电。

（四）严禁在起居室、疗养室、病房内吸烟、使用明火。

（五）严禁在起居室内使用电热毯、电炉、热得快等大功率电器设备。

（六）严禁锁闭安全出口，占用、堵塞疏散通道、消防车通道。

（七）严禁在活动室、疗养室、病房的外窗设置影响疏散逃生和灭火救援的铁栅栏。

（八）严禁违规存放、使用易燃易爆危险品。

（九）严禁埋压、圈占消火栓，擅自停用、关闭消防设施设备。

本规定所称社会福利机构，主要是指床位数在10张以上的国家、社会组织和个人举办的养老机构、社会福利院、精神病人福利院、儿童福利院、敬老院、优抚医院、光荣院、救助管理站及其托养机构等社会福利和公益机构。民政部门管理的军休服务管理机构、军供站、救灾物资储备库、烈士陵园（纪念馆）等机构按照消防安全有关规定，参照本规定执行。

附　录

附录一　医院学校养老院检查步骤办法

行业部门消防安全检查步骤办法

序号	项目	检查内容	检查方式
1	建筑物、场所合法性检查	应当检查建设工程消防设计审核、消防验收意见书，或者消防设计、竣工验收消防备案凭证	查看档案
2	建筑物、场所使用情况	检查主要对照建设工程消防验收意见书、竣工验收消防备案凭证载明的使用性质，核对当前建筑物或者场所的使用情况是否相符	实地检查
3	消防安全责任落实情况	是否落实逐级消防安全责任制和岗位消防安全责任制，消防安全责任人、消防安全管理人以及各级、各岗位的消防安全责任人是否明确并落实责任。多产权、多使用权建筑是否明确消防安全责任	查看档案
4	消防安全制度检查	主要检查单位是否建立用火、用电、用油、用气安全管理制度，防火检查、巡查制度及火灾隐患整改制度，消防设施、器材维护管理制度，电气线路、燃气管路维护保养和检测制度，员工消防安全教育培训制度，灭火和应急疏散预案演练制度等	查看档案

续表

序号	项目	检查内容	检查方式
5	消防档案检查	消防安全重点单位按要求建立健全消防档案，内容翔实，能全面反映单位消防基本情况和工作状况，并根据情况变化及时更新；其他单位将单位基本概况、消防部门填发的各种法律文书、与消防工作有关的材料和记录等统一保管备查	查看档案
6	防火检查、巡查情况检查	主要检查单位开展防火检查的记录，查看检查时间、内容和整改火灾隐患情况是否符合有关规定。对消防安全重点单位开展防火巡查情况的检查，主要检查每日防火巡查记录，查看巡查的人员、内容、部位、频次是否符合有关规定。公众聚集场所在营业期间是否每2小时开展一次防火巡查，医院、养老院、寄宿制学校、托儿所、幼儿园是否开展夜间巡查	查看档案
7	消防安全教育培训检查	要求自动消防系统操作人员对自动消防系统进行操作，查看操作是否熟练	实地检查
		检查职工岗前消防安全培训和定期组织消防安全培训记录；随机抽问职工，检查职工是否掌握查改本岗位火灾隐患、扑救初起火灾、疏散逃生的知识和技能。对人员密集场所的职工，还应当抽查引导人员疏散的知识和技能	查看档案现场提问
8	灭火应急疏散预案检查	检查灭火和应急疏散预案是否有组织机构，火情报告及处置程序，人员疏散组织程序及措施，扑救初起火灾程序及措施，通信联络、安全防护救护程序及措施等内容，查看单位组织消防演练记录	查看档案
		随机设定火情，要求单位组织灭火和应急疏散演练，检查预案组织实施情况。对属于人员密集场所的消防安全重点单位，检查承担灭火和组织疏散任务的人员确定情况及熟悉预案情况	实地检查

序号	项目	检查内容	检查方式
9	用火用电用气及装修材料管控	社会单位的电气焊工、电工、危险化学物品管理人员应当持证上岗	查看档案
		营业时间严禁动火作业，动火作业前应办理动火审批手续	查看档案实地检查
		电气线路敷设、电气设备安装维修应由具备相应职业资格人员进行操作	查看档案
		建筑内电线应规范架接，安装短路保护开关和防漏电开关，没有乱拉乱接电线	实地检查
		是否存在电动车违规充电停放行为	实地检查
		每日营业结束时应当切断营业场所内的非必要电源	实地检查
		每月应定期清洗厨房油烟管道	查看档案实地检查
		内部装修施工不得擅自改变防火分隔、安全出口数量、宽度和消防设施，不得降低装修材料燃烧性能等级要求	实地检查
		严禁采用泡沫夹芯板、可燃彩钢板加建、搭建	实地检查
10	微型消防站	微型消防站每班人员不应少于6人，并且每月应定期开展半天灭火救援训练，熟练掌握扑救初期火灾能力，随时做好应急出动准备，达到1分钟到场确认，3分钟到场扑救标准	查看档案实地检查
11	安全疏散	根据被检查单位建筑层数和面积，现场全数检查或抽查疏散通道、安全出口是否畅通	实地检查
		抽查封闭楼梯、防烟楼梯及其前室的防火门常闭状态及自闭功能情况；平时需要控制人员随意出入的疏散门不用任何工具能否从内部开启，是否有明显标识和使用提示；常开防火门的启闭状态在消防控制室的显示情况；在不同楼层或防火分区至少抽查3处疏散指示标志、应急照明是否完好有效	实地检查

序号	项目	检查内容	检查方式
12	建筑防火和防火分隔	防火间距、消防车通道是否符合要求	实地检查
		人员密集场所门窗上是否设置影响逃生和灭火救援的障碍物	实地检查
		设置在建筑内厨房的门是否与公共部位有防火分隔，厨房的门窗是否设为乙级防火门窗	实地检查
		防火卷帘下方是否有障碍物。自动、手动启动防火卷帘，卷帘能否下落至地板面，反馈信号是否正确	实地检查
		是否按规定安装防火门，防火门有无损坏，闭门器是否完好	实地检查
13	消防控制室	消防控制室值班人员应实行24小时不间断值班制度，每班不应小于2人，且应持有相应的消防职业资格证书，并应当熟练掌握建筑基本情况、消防设施设置情况、消防设施设备操作规程和火灾、故障应急处置程序和要求，如实填写消防控制室值班记录表	查看档案实地检查
		在消防控制室检查自动消防设施运行情况，主要测试火灾自动报警系统、自动灭火系统、消火栓系统、防排烟系统、防火卷帘和联动控制设备的运行情况，测试消防电话通话情况。在消防水泵房启、停消防水泵，测试运行情况	实地检查
14	消防设施、器材	社会单位应委托具备相应从业条件的消防技术服务机构每月对建筑消防设施进行一次维护保养。每年对建筑消防设施进行一次全面检测	查看档案
		检查火灾自动报警系统：选择不同楼层或者防火分区进行抽查。对抽查到的楼层或者防火分区，至少抽查3个探测器进行火灾报警、故障报警、火灾优先功能试验，至少抽查一处手动报警器进行动作试验，核查消防控制室控制设备对报警、故障信号的显示情况，联动控制设施动作显示情况；至少抽查一处消防电话插孔，测试通话情况	实地检查

续表

序号	项目	检查内容	检查方式
14	消防设施、器材	检查自动喷水灭火系统：检查每个湿式报警阀，查看报警阀主件是否完整，前后阀门的开启状态，进行放水测试，核查压力开关和水力警铃报警情况；在每个湿式报警阀控制范围的最不利点进行末端试水，检查水压和流量情况，核查消防控制室的信号显示和消防水泵的联动启动情况	实地检查
		检查气体灭火系统：检查气瓶间的气瓶重量、压力显示以及开关装置开启情况	实地检查
		检查泡沫灭火系统：检查泡沫泵房，启动水泵；检查泡沫液种类、数量及有效期；检查泡沫产生设施工作运行状态	实地检查
		检查防排烟系统：用自动和手动方式启动风机，抽查送风口、排烟口开启情况，核查消防控制室的信号显示情况	实地检查
		检查防火卷帘：至少抽查一个楼层或者一个防火分区的卷帘门，对自动和手动方式进行启动、停止测试，核查消防控制室的信号显示情况	实地检查
		检查室内消火栓：在每个分区的最不利点抽查一处室内消火栓进行放水试验，检查水压和流量情况，按启泵按钮，核查消防控制室启泵信号显示情况	实地检查
		检查室外消火栓：至少抽查一处室外消火栓进行放水试验，检查水压和水量情况	实地检查
		检查水泵接合器：查看标识的供水系统类型及供水范围等情况	实地检查
		检查消防水池：查看消防水池、消防水箱储水情况，消防水箱出水管阀门开启状态	实地检查
		灭火器：至少抽查3个点配备的灭火器，检查灭火器的选型、压力情况	实地检查
		消防设施、器材应当设置醒目的标识，并用文字或图例标明操作使用方法；主要消防设施设备上应当张贴记载维护保养、检测情况的卡片或记录	实地检查

续表

序号	项目	检查内容	检查方式
15	消防安全重点部位	是否将容易发生火灾、一旦发生火灾可能严重危及人身和财产安全以及对消防安全有重大影响的部位确定为消防安全重点部位，设置明显的防火标志，实行严格管理	实地检查
		是否明确消防安全管理的责任部门和责任人，配备必要的灭火器材、装备和个人防护器材，制定和完善事故应急处置操作程序	查看档案实地检查
		核查人员在岗在位情况	实地检查

社会单位自检自查步骤办法

序号	项目	检查内容	自改措施	检查方式
1	消防安全责任落实情况	是否落实逐级消防安全责任制和岗位消防安全责任制	按要求整改	查看档案现场提问
		消防安全责任人、消防安全管理人以及各级、各岗位的消防安全责任人是否明确并落实责任	将消防安全工作职责落实到每个岗位	查看档案现场提问
2	消防安全管理制度规程	社会单位应按照国家有关规定，结合本单位的特点，建立健全各项消防安全制度和保障消防安全的操作规程，并公布执行。单位的消防安全制度主要包括以下内容： 1. 消防安全教育、培训制度 2. 防火巡查、检查制度 3. 安全疏散设施管理制度 4. 消防（控制室）值班制度 5. 消防设施、器材维护管理制度 6. 火灾隐患整改制度 7. 用火用电安全管理制度 8. 易燃易爆危险物品和场所防火防爆制度 9. 专职、义务消防队和微型消防站的组织管理制度 10. 灭火和应急疏散预案演练制度 11.燃气和电器设备的检查和管理制度 12. 消防安全工作考评和奖惩制度 13. 其他必要的消防安全内容	按要求制定各项消防安全管理制度	查看档案

序号	项目	检查内容	自改措施	检查方式
3	消防档案工作	消防安全重点单位按要求建立健全消防档案，内容翔实，能全面反映单位消防基本情况和工作状况，并根据情况变化及时更新；其他单位将单位基本概况、消防部门填发的各种法律文书、与消防工作有关的材料和记录等统一保管备查	按要求整改	查看档案
4	防火巡查检查	社会单位应按本行业系统消防安全标准化管理要求，每天开展防火巡查，并强化夜间巡查；每月应至少组织一次防火检查，并应正确填写巡查和检查记录表	严格按照规定要求开展巡查检查工作；正确填写巡查和检查记录	查看档案
		对发现的火灾隐患进行登记并跟踪落实整改到位，确保疏散通道、安全出口、消防车道保持畅通	立即清理疏散通道、安全出口、消防车道障碍物	查看档案
5	消防安全培训和应急疏散演练	所有从业员工应当进行上岗前消防培训。消防安全重点单位对每名员工应当至少每年进行一次消防安全培训，公众聚集场所对员工的消防安全培训应当至少每半年一次，其他单位也应当定期组织开展消防安全培训	组织新员工上岗前消防培训；组织全体职员开展消防培训	查看档案
		消防安全重点单位应当按照灭火和应急疏散预案，至少每半年进行一次演练，并结合实际，不断完善预案。其他单位应当结合本单位实际，参照制订相应的应急方案，至少每年组织一次演练	组织全体职员开展消防演练	查看档案
6	消防安全重点部位	社会单位内的仓储库房、厨房、配电房、锅炉房、柴油发电机房、制冷机房、空调机房、冷库、电动车集中停放及充电场所等火灾危险性大的部位应确定为重点部位，并落实严格的管控防范措施	按要求确定重点部位，制定重点部位消防安全管理措施	查看档案实地检查

序号	项目	检查内容	自改措施	检查方式
7	用火用电用气及装修材料管控	社会单位的电气焊工、电工、易燃易爆危险物品管理员应当持证上岗	相关人员取得上岗证	查看档案
		营业时间严禁动火作业，动火作业前应办理动火审批手续	立即禁止动火作业，按程序办理动火手续	查看档案实地检查
		电气线路敷设、电气设备安装维修应由具备相应职业资格人员进行操作	相关人员取得上岗证	查看档案
		建筑内电线应规范架接，安装短路保护开关和防漏电开关，没有乱拉乱接电线	按要求整改	实地检查
		是否存在电动车违规充电停放行为	立即清理	实地检查
8	消防控制室	每日营业结束时应当切断营业场所内的非必要电源	立即切断营业场所内的非必要电源	实地检查
		每月应定期清洗厨房油烟管道	清洗厨房油烟管道	查看档案实地检查
		内部装修施工不得擅自改变防火分隔、安全出口数量、宽度和消防设施，不得降低装修材料燃烧性能等级要求	立即停止装修施工，整改安全隐患	实地检查
		严禁采用泡沫夹芯板、可燃彩钢板加建、搭建	一律拆除	实地检查
		消防控制室值班人员应实行24小时不间断值班制度，每班不应少于2人，且应持有相应的消防职业资格证书，并应当熟练掌握建筑基本情况、消防设施设置情况、消防设施设备操作规程和火灾、故障应急处置程序和要求，如实填写消防控制室值班记录表	组织值班人员培训考证	查看档案实地检查

序号	项目	检查内容	自改措施	检查方式
9	微型消防站	微型消防站每班人员不应少于6人，并且每月应定期开展半天灭火救援训练，熟练掌握扑救初期火灾能力，随时做好应急出动准备，达到1分钟到场确认，3分钟到场扑救标准	配齐微型消防站队员和装备，开展应急处置训练	查看档案实地检查
10	安全疏散	安全出口锁闭、堵塞或者数量不足的（安全出口不少于2个）、疏散通道堵塞	安全出口锁闭立即开锁；恢复、增加安全出口	实地检查
		外窗、阳台是否设置防盗铁栅栏	开设紧急逃生口	实地检查
11	建筑防火	防火间距、消防车通道是否符合要求	按要求整改	实地检查
		人员密集场所门窗上是否设置影响逃生和灭火救援的障碍物	按要求整改	实地检查
12	防火分隔	设置在建筑内厨房的门是否与公共部位有防火分隔，厨房的门窗是否设为乙级防火门窗	厨房的门窗改为乙级防火门、窗	实地检查
		防火卷帘下方是否有障碍物。自动、手动启动防火卷帘能否下落至地板面，反馈信号是否正确	按要求整改	实地检查
		是否按规定安装防火门，防火门有无损坏，闭门器是否完好	按要求整改	实地检查
13	消防设施器材	是否委托具备相应从业条件的消防技术服务机构每月对建筑消防设施进行一次维护保养。每年对建筑消防设施进行一次全面检测	签订维保合同，落实每月消防设施维保和年度检测工作	查看台账
		是否按要求设置灭火器、室内外消火栓、疏散指示标志和应急照明等消防设施	购买灭火器、疏散指示标志和应急照明等消防设施；安装室内外消火栓	实地检查

序号	项目	检查内容	自改措施	检查方式
13	消防设施器材	是否按要求设置自动喷水灭火系统、火灾自动报警系统、应急广播等	安装自动喷水灭火系统、火灾自动报警系统、应急广播等	实地检查
		室内消火栓、喷淋的消防水泵电源控制柜开关是否设在自动状态，消防水池、高位水箱的水量是否符合要求，室内消火栓、喷淋的消防水泵手动测试启动时是否能启动	按要求整改	实地检查
		灭火器的插销、喷管、压把等部件是否正常、使用年限是否过期、压力指针是否在绿色范围	维修或重新购买	实地检查
		疏散指示标志、应急照明灯在测试或断电时是否能在一定时间内保持亮度	维修或重新购买	实地检查
		消防控制室、消防水泵房是否设置应急照明灯和消防电话	安装应急照明灯和消防电话	实地检查
		火灾自动报警主机是否设置为自动状态、报警主机是否有故障、报警主机远程启动消防泵、报警探测器上指示灯是否能定时闪烁	按要求整改	实地检查

附录二　人员密集场所消防安全管理

1　范围

本文件提出了人员密集场所的消防安全管理要求和措施，包括总则、消防安全责任、消防组织、消防安全制度和管理、消防安全措施、灭火和应急疏散预案编制和演练、火灾事故处置与善后。

本文件适用于具有一定规模的人员密集场所及其所在建筑的消防安全管理。

2　规范性引用文件

下列文件中的内容通过文中的规范性引用而构成本文件必不可少的条款。其中，注日期的引用文件，仅该日期对应的版本适用于本文件；不注日期的引用文件，其最新版本（包括所有的修改单）适用于本文件。

GB/T 5907　（所有部分）消防词汇

GB 25201　建筑消防设施的维护管理

GB 25506　消防控制室通用技术要求

GB 35181　重大火灾隐患判定方法

GB/T 38315　社会单位灭火和应急疏散预案编制及实施导则

GB 50016　建筑设计防火规范

GB 50084　自动喷水灭火系统设计规范

GB 50116　火灾自动报警系统设计规范

GB 50140　建筑灭火器配置设计规范

GB 50222　建筑内部装修设计防火规范

GB 51251　　　建筑防烟排烟系统技术标准

GB 51309　　　消防应急照明和疏散指示系统技术标准

XF 703　　　　住宿与生产储存经营合用场所消防安全技术要求

XF/T 1245　　 多产权建筑消防安全管理

JGJ 48　　　　商店建筑设计规范

3　术语和定义

GB/T 5907、GB 25201、GB 25506、GB 35181、GB/T 38315、GB 50016、GB 50084、GB 50116、GB 50140、GB 50222、GB 51251、GB 51309、XF 703、XF/T 1245、JGJ 48界定的以及下列术语和定义适用于本文件。

3.1　公共娱乐场所 public entertainment occupancy

具有文化娱乐、健身休闲功能并向公众开放的室内场所，包括影剧院、录像厅、礼堂等演出、放映场所，舞厅、卡拉OK厅等歌舞娱乐场所，具有娱乐功能的夜总会、音乐茶座、酒吧和餐饮场所，游艺、游乐场所和保龄球馆、旱冰场、桑拿等娱乐、健身、休闲场所和互联网上网服务营业场所。

3.2　公众聚集场所 public assembly occupancy

面对公众开放，具有商业经营性质的室内场所，包括宾馆、饭店、商场、集贸市场、客运车站候车室、客运码头候船厅、民用机场航站楼、体育场馆、会堂以及公共娱乐场所等。

3.3　人员密集场所 assembly occupancy

人员聚集的室内场所，包括公众聚集场所，医院的门诊楼、病房楼，学校的教学楼、图书馆、食堂和集体宿舍，养老院，福利院，托儿所，幼儿园，公共图书馆的阅览室，公共展览馆、博物馆的展示厅，劳动密集型企业的生产加工车间和员工集体宿舍，旅游、宗教活动场所等。

3.4　消防车登高操作场地 operating area for fire fighting

靠近建筑，供消防车停泊、实施灭火救援操作的场地。

3.5　专职消防队 full-time fire brigade

由专职人员组成，有固定的消防站用房，配备消防车辆、装备、通信器材，定期组织消防训练，24小时备勤的消防组织。

3.6　志愿消防队 volunteer fire brigade

由志愿人员组成，平时有自己的主要职业、不在消防站备勤，但配备消防装备、通信器材，定期组织消防训练，能够在接到火警出动信息后迅速集结、参加灭火救援的消防组织。

3.7　火灾隐患 fire potential

可能导致火灾发生或火灾危害增大的各类潜在不安全因素。

3.8　重大火灾隐患 major fire potential

违反消防法律法规、不符合消防技术标准，可能导致火灾发生或火灾危害增大，并由此可能造成重大、特别重大火灾事故或严重社会影响的各类潜在不安全因素。

4　总则

4.1　人员密集场所的消防安全管理应以防止火灾发生，减少火灾危害，保障人身和财产安全为目标，通过采取有效的管理措施和先进的技术手段，提高预防和控制火灾的能力。

4.2　人员密集场所的消防安全管理应遵守消防法律、法规、规章（以下统称"消防法律法规"），贯彻"预防为主、防消结合"的消防工作方针，履行消防安全职责，保障消防安全。

4.3　人员密集场所应结合本场所的特点建立完善的消防安全管理体系和机制，自行开展或委托消防技术服务机构定期开展消防设施维护保养检测、消防安全评估，并宜采用先进的消防技术、产品和方法，保证建筑具备消防安全条件。

4.4　人员密集场所应逐级落实消防安全责任制，明确各级、各岗位消防安全职责，确定相应的消防安全责任人员。

4.5　实行承包、租赁或者委托经营、管理时，人员密集场所的产权方应提供符合消防安全要求的建筑物、场所；当事人在订立相关租赁或承包合同时，应依照有关规定明确各方的消防安全责任。

4.6 消防车通道（市政道路除外）、消防车登高操作场地、涉及公共消防安全的疏散设施和其他建筑消防设施，应由人员密集场所产权方或者委托统一管理单位管理。承包、承租或者受委托经营、管理者，应在其使用、管理范围内履行消防安全职责。

4.7 对于有两个或两个以上产权者和使用者的人员密集场所，除依法履行自身消防管理职责外，对消防车通道、涉及公共消防安全的疏散设施和其他建筑消防设施应明确统一管理的责任者，并应符合XF/T 1245的规定。

5 消防安全责任

5.1 通用要求

5.1.1 人员密集场所应加强消防安全主体责任的落实，全面实行消防安全责任制。

5.1.2 人员密集场所的消防安全责任人，应由该场所法人单位的法定代表人、主要负责人或者实际控制人担任。消防安全重点单位应确定消防安全管理人，其他单位消防安全责任人可以根据需要确定本场所的消防安全管理人，消防安全管理人宜具备注册消防工程师执业资格。承包、租赁场所的承租人是其承包、租赁范围的消防安全责任人。人员密集场所单位内部各部门的负责人是该部门的消防安全负责人。

5.1.3 消防安全责任人、消防安全管理人应经过消防安全培训。进行电焊、气焊等具有火灾危险作业的人员和自动消防设施的值班操作人员，应经过消防职业培训，掌握消防基本知识、防火、灭火基本技能、自动消防设施的基本维护与操作知识，遵守操作规程，持证上岗。

5.1.4 保安人员、专职消防队队员、志愿消防队（微型消防站）队员应掌握消防安全知识和灭火的基本技能，定期开展消防训练，火灾时应履行扑救初起火灾和引导人员疏散的义务。

5.2 产权方、使用方、统一管理单位的职责

5.2.1 制定消防安全管理制度和保障消防安全的操作规程。

5.2.2 开展消防法律法规和防火安全知识的宣传教育，对从业人员进

行消防安全教育和培训。

5.2.3 定期开展防火巡查、检查，及时消除火灾隐患。

5.2.4 保障疏散走道、通道、安全出口、疏散门和消防车通道的畅通，不被占用、堵塞、封闭。

5.2.5 确定各类消防设施的操作维护人员，保证消防设施、器材以及消防安全标志完好有效，并处于正常运行状态。

5.2.6 组织扑救初起火灾，疏散人员，维持火场秩序，保护火灾现场，协助火灾调查。

5.2.7 制订灭火和应急疏散预案，定期组织消防演练。

5.2.8 建立并妥善保管消防档案。

5.3 消防安全责任人的职责

5.3.1 贯彻执行消防法律法规，保证人员密集场所符合国家消防技术标准，掌握本场所的消防安全情况，全面负责本场所的消防安全工作。

5.3.2 统筹安排本场所的消防安全管理工作，批准实施年度消防工作计划。

5.3.3 为本场所消防安全管理工作提供必要的经费和组织保障。

5.3.4 确定逐级消防安全责任，批准实施消防安全管理制度和保障消防安全的操作规程。

5.3.5 组织召开消防安全例会，组织开展防火检查，督促整改火灾隐患，及时处理涉及消防安全的重大问题。

5.3.6 根据有关消防法律法规的规定建立的专职消防队、志愿消防队（微型消防站），并配备相应的消防器材和装备。

5.3.7 针对本场所的实际情况，组织制订灭火和应急疏散预案，并实施演练。

5.4 消防安全管理人的职责

5.4.1 拟订年度消防安全工作计划，组织实施日常消防安全管理工作。

5.4.2 组织制定消防安全管理制度和保障消防安全的操作规程，并检查督促落实。

5.4.3 拟订消防安全工作的经费预算和组织保障方案。

5.4.4 组织实施防火检查和火灾隐患整改。

5.4.5 组织实施对本场所消防设施、灭火器材和消防安全标志的维护保养，确保其完好有效和处于正常运行状态，确保疏散通道、走道和安全出口、消防车通道畅通。

5.4.6 组织管理专职消防队或志愿消防队（微型消防站），开展日常业务训练，组织初起火灾扑救和人员疏散。

5.4.7 组织从业人员开展岗前和日常消防知识、技能的教育和培训，组织灭火和应急疏散预案的实施和演练。

5.4.8 定期向消防安全责任人报告消防安全情况，及时报告涉及消防安全的重大问题。

5.4.9 管理人员密集场所委托的物业服务企业和消防技术服务机构。

5.4.10 消防安全责任人委托的其他消防安全管理工作。

5.5 部门消防安全负责人的职责

5.5.1 组织实施本部门的消防安全管理工作计划。

5.5.2 根据本部门的实际情况开展岗位消防安全教育与培训，制定消防安全管理制度，落实消防安全措施。

5.5.3 按照规定实施消防安全巡查和定期检查，确保管辖范围的消防设施完好有效。

5.5.4 及时发现和消除火灾隐患，不能消除的，应采取相应措施并向消防安全管理人报告。

5.5.5 发现火灾，及时报警，并组织人员疏散和初起火灾扑救。

5.6 消防控制室值班员的职责

5.6.1 应持证上岗，熟悉和掌握消防控制室设备的功能及操作规程，按照规定和规程测试自动消防设施的功能，保证消防控制室的设备正常运行。

5.6.2 对火警信号，应按照7.6.16规定的消防控制室接警处警程序处置。

5.6.3 对故障报警信号应及时确认，并及时查明原因，排除故障；不能排除的，应立即向部门主管人员或消防安全管理人报告。

5.6.4 应严格执行每日24小时专人值班制度，每班不应少于2人，做好消防控制室的火警、故障记录和值班记录。

5.7 消防设施操作员的职责

5.7.1 熟悉和掌握消防设施的功能和操作规程。

5.7.2 按照制度和规程对消防设施进行检查、维护和保养，保证消防设施和消防电源处于正常运行状态，确保有关阀门处于正确状态。

5.7.3 发现故障，应及时排除；不能排除的，应及时向上级主管人员报告。

5.7.4 做好消防设施运行、操作、故障和维护保养记录。

5.8 保安人员的职责

5.8.1 按照消防安全管理制度进行防火巡查，并做好记录；发现问题，应及时向主管人员报告。

5.8.2 发现火情，应及时报火警并报告主管人员，实施灭火和应急疏散预案，协助灭火救援。

5.8.3 劝阻和制止违反消防法律法规和消防安全管理制度的行为。

5.9 电气焊工、易燃易爆危险品管理及操作人员的职责

5.9.1 执行有关消防安全制度和操作规程，履行作业前审批手续。

5.9.2 落实相应作业现场的消防安全防护措施。

5.9.3 发生火灾后，应立即报火警，实施扑救。

5.10 专职消防队、志愿消防队队员的职责

5.10.1 熟悉单位基本情况、灭火和应急疏散预案、消防安全重点部位及消防设施、器材设置情况。

5.10.2 参加消防业务培训及消防演练，掌握消防设施及器材的操作使用方法。

5.10.3 专职消防队定期开展灭火救援技能训练，能够24小时备勤。

5.10.4　志愿消防队能在接到火警出动信息后迅速集结、参加灭火救援。

5.11　员工的职责

5.11.1　主动接受消防安全宣传教育培训，遵守消防安全管理制度和操作规程。

5.11.2　熟悉本工作场所消防设施、器材及安全出口的位置，参加单位灭火和应急疏散预案演练。

5.11.3　清楚本单位火灾危险性，会报火警、会扑救初起火灾、会组织疏散逃生和自救。

5.11.4　每日到岗后及下班前应检查本岗位工作设施、设备、场地、电源插座、电气设备的使用状态等，发现隐患及时处置并向消防安全工作归口管理部门报告。

5.11.5　监督其他人员遵守消防安全管理制度，制止吸烟、使用大功率电器等不利于消防安全的行为。

6　消防组织

6.1　人员密集场所可根据需要设置消防安全主管部门负责管理本场所的日常消防安全工作。

6.2　人员密集场所应根据有关法律法规和实际需要建立专职消防队。

6.3　人员密集场所应根据需要建立志愿消防队，志愿消防队员的数量不应少于本场所从业人员数量的30%。志愿消防队白天和夜间的值班人数应能保证扑救初起火灾的需要。

6.4　属于消防安全重点单位的人员密集场所，应依托志愿消防队建立微型消防站。

7　消防安全制度和管理

7.1　通用要求

7.1.1　公众聚集场所投入使用、营业前，应依法向消防救援机构申请消防安全检查，并经消防救援机构许可同意。人员密集场所改建、扩建、装修或改变用途的，应依法报经相关部门审核批准。

7.1.2　建筑四周不应搭建违章建筑，不应占用防火间距、消防车道、消防车登高操作场地，不应遮挡室外消火栓或消防水泵接合器，不应设置影响逃生、灭火救援或遮挡排烟窗、消防救援口的架空管线、广告牌等障碍物。

7.1.3　人员密集场所不应擅自改变防火分区，不应擅自停用、改变防火分隔设施和消防设施，不应降低建筑装修材料的燃烧性能等级。建筑的内部装修不应改变疏散门的开启方向，减少安全出口、疏散出口的数量和宽度，增加疏散距离，影响安全疏散。建筑内部装修不应影响消防设施的正常使用。

7.1.4　人员密集场所应在公共部位的明显位置设置疏散示意图、警示标识等，提示公众对该场所存在的下列违法行为有投诉、举报的义务：

a）使用、营业期间锁闭疏散门；

b）封堵、占用疏散通道或消防车道；

c）使用、营业期间违规进行电焊、气焊等动火作业；

d）疏散指示标志损坏、不准确或不清楚；

e）停用消防设施、消防设施未保持完好有效；

f）违规储存使用易燃易爆危险品。

7.2　消防安全例会

7.2.1　人员密集场所应建立消防安全例会制度，处理涉及消防安全的重大问题，研究、部署、落实本场所的消防安全工作计划和措施。

7.2.2　消防安全例会应由消防安全责任人主持，消防安全管理人提出议程，有关人员参加，并应形成会议纪要或决议，每月不宜少于一次。

7.3　防火巡查、检查

7.3.1　人员密集场所应建立防火巡查、防火检查制度，确定巡查、检查的人员、内容、部位和频次。

7.3.2　防火巡查、检查中，应及时纠正违法、违常行为，消除火灾隐患；无法消除的，应立即报告，并记录存档。防火巡查、检查时，应填写巡查、检查记录，巡查和检查人员及其主管人员应在记录上签名。巡查记录表应包括部位、时间、人员和存在的问题，参见附录A。检查记录表应包括部位、时间、人员、巡查情况、火灾隐患整改情况和存在的问题，参见附录B。

7.3.3 防火巡查时发现火灾，应立即报火警并启动单位灭火和应急疏散预案。

7.3.4 人员密集场所应每日进行防火巡查，并结合实际组织开展夜间防火巡查。防火巡查宜采用电子巡更设备。

7.3.5 公众聚集场所在营业期间，应至少每2h巡查一次。宾馆、医院、养老院及寄宿制的学校、托儿所和幼儿园，应组织每日夜间防火巡查，且应至少每2h巡查一次。商场、公共娱乐场所营业结束后，应切断非必要用电设备电源，检查并消除遗留火种。

7.3.6 防火巡查应包括下列内容：

a）用火、用电有无违章情况；

b）安全出口、疏散通道是否畅通，有无锁闭；安全疏散指示标志、应急照明是否完好；

c）常闭式防火门是否保持常闭状态，防火卷帘下是否有影响防火卷帘正常使用的物品；

d）消防设施、器材是否在位、完好有效。消防安全标志是否标识正确、清楚；

e）消防安全重点部位的人员在岗情况；

f）消防车道是否畅通；

g）其他消防安全情况。

7.3.7 人员密集场所应至少每月开展一次防火检查，检查的内容应包括：

a）消防车道、消防车登高操作场地、室外消火栓、消防水源情况；

b）安全疏散通道、楼梯，安全出口及其疏散指示标志、应急照明情况；

c）消防安全标志的设置情况；

d）灭火器材配置及完好情况；

e）楼板、防火墙、防火隔墙和竖井孔洞的封堵情况；

f）建筑消防设施运行情况；

g）消防控制室值班情况、消防控制设备运行情况和记录情况；

h）微型消防站人员值班值守情况，器材、装备设备完备情况；

i）用火、用电、用油、用气有无违规、违章情况；

j）消防安全重点部位的管理情况；

k）防火巡查落实情况和记录情况；

l）火灾隐患的整改以及防范措施的落实情况；

m）消防安全重点部位人员以及其他员工消防知识的掌握情况。

7.4　消防宣传与培训

7.4.1　人员密集场所应通过多种形式开展经常性的消防安全宣传与培训。

7.4.2　对公众开放的人员密集场所，应通过张贴图画、发放消防刊物、播放视频、举办消防文化活动等多种形式对公众宣传防火、灭火、应急逃生等常识。

7.4.3　学校、幼儿园等教育机构应将消防知识纳入教育、教学、培训的内容，落实教材、课时、师资、场地等，组织开展多种形式的消防教育活动。

7.4.4　人员密集场所应至少每半年组织一次对每名员工的消防培训，对新上岗人员应进行上岗前的消防培训。

7.4.5　消防培训应包括下列内容：

a）有关消防法律法规、消防安全管理制度、保障消防安全的操作规程等；

b）本单位、本岗位的火灾危险性和防火措施；

c）建筑消防设施、灭火器材的性能、使用方法和操作规程；

d）报火警、扑救初起火灾、应急疏散和自救逃生的知识、技能；

e）本场所的安全疏散路线，引导人员疏散的程序和方法等；

f）灭火和应急疏散预案的内容、操作程序；

g）其他消防安全宣传教育内容。

7.5　安全疏散设施管理

7.5.1　人员密集场所应建立安全疏散设施管理制度，明确安全疏散设施管理的责任部门、责任人和安全疏散设施的检查内容、要求。

　　注：安全疏散设施包括疏散门、疏散走道、疏散楼梯、消防应急照明、疏
　　　　散指示标志等设施，以及消防过滤式自救呼吸器、逃生缓降器等安全
　　　　疏散辅助器材。

7.5.2　安全疏散设施管理应符合下列要求：

a）确保疏散通道、安全出口和疏散门的畅通，禁止占用、堵塞、封闭疏散通道和楼梯间；

b）人员密集场所在使用和营业期间，不应锁闭疏散出口、安全出口的门，或采取火灾时不需使用钥匙等任何工具即能从内部易于打开的措施，并应在明显位置设置含有使用提示的标识；

c）避难层（间）、避难走道不应挪作他用，封闭楼梯间、防烟楼梯间及其前室的门应保持完好，门上明显位置应设置提示正确启闭状态的标识；

d）应保持常闭式防火门处于关闭状态，常开防火门应能在火灾时自行关闭，并应具有信号反馈的功能；

e）安全出口、疏散门不得设置门槛或其他影响疏散的障碍物，且在其1.4m范围内不应设置台阶；

f）疏散应急照明、疏散指示标志应完好、有效；发生损坏时，应及时维修、更换；

g）消防安全标志应完好、清晰，不应被遮挡；

h）安全出口、公共疏散走道上不应安装栅栏；

i）建筑每层外墙的窗口、阳台等部位不应设置影响逃生和灭火救援的栅栏，确需设置时，应能从内部易于开启；

j）在宾馆、商场、医院、公共娱乐场所等场所各楼层的明显位置应设置安全疏散指示图，疏散指示图上应标明疏散路线、安全出口和疏散门、人员所在位置和必要的文字说明；

k）在宾馆、商场、医院、公共娱乐场所等场所各楼层的明显位置应设置疏散引导箱，配备过滤式消防自救呼吸器、瓶装水、毛巾、救援哨、发

光指挥棒、疏散用手电筒等安全疏散辅助器材。

7.5.3 举办展览、展销、演出等大型群众性活动前，应事先根据场所的疏散能力核定容纳人数。活动期间，应采取防止超员的措施控制人数。

7.6 消防设施管理

7.6.1 人员密集场所应建立消防设施管理制度，其内容应明确消防设施管理的责任部门和责任人、消防设施的检查内容和要求、消防设施定期维护保养的要求。

> 注：消防设施包括室内外消火栓、自动灭火系统、火灾自动报警系统和防排烟系统等设施。

7.6.2 人员密集场所应使用合格的消防产品，建立消防设施、器材的档案资料，记明配置类型、数量、设置部位、检查及维修单位（人员）、更换药剂时间等有关情况。

7.6.3 建筑消防设施投入使用后，应保证其处于正常运行或准工作状态，不得擅自断电停运或长期带故障运行。需要维修时，应采取相应的防范措施；维修完成后，应立即恢复到正常运行状态。

7.6.4 人员密集场所应定期对建筑消防设施、器材进行巡查、单项检查、联动检查，做好维护保养。

7.6.5 属于消防安全重点单位的人员密集场所，每日应进行一次建筑消防设施、器材巡查；其他单位，每周应至少进行一次。建筑消防设施巡查，应明确各类建筑消防设施、器材的巡查部位和内容。

7.6.6 建筑消防设施的电源开关、管道阀门，均应指示正常运行位置，并正确标识开/关的状态；对需要保持常开或常闭状态的阀门，应采取铅封、标识等限位措施。

7.6.7 设置建筑消防设施的人员密集场所，每年应至少进行一次建筑消防设施联动检查，每月应至少进行一次建筑消防设施单项检查。

7.6.8 人员密集场所应建立建筑消防设施、器材故障报告和故障消除的登记制度。发生故障后，应及时组织修复。因故障、维修等原因，需要暂时停用系统的，应当严格履行内部审批程序，采取确保安全的有效措施，并在建筑入口等明显位置公告。

7.6.9 消防设施的维护、管理还应符合下列要求。

a) 消火栓应有明显标识。

b) 室内消火栓箱不应上锁，箱内设备应齐全、完好，其正面至疏散通道处，不得设置影响消火栓正常使用的障碍物。

c) 室外消火栓不应埋压、圈占；距室外消火栓、水泵接合器2.0m范围内不得设置影响其正常使用的障碍物。

d) 展品、商品、货柜，广告箱牌，生产设备等的设置不得影响防火门、防火卷帘、室内消火栓、灭火剂喷头、机械排烟口和送风口、自然排烟窗、火灾探测器、手动火灾报警按钮、声光报警装置等消防设施的正常使用。

e) 确保消防设施和消防电源始终处于正常运行状态；确保消防水池、气压水罐或高位消防水箱等消防储水设施水量符合规定要求；确保消防水泵出水管阀门、自动喷水灭火系统管道上的阀门常开；确保消防水泵、防排烟风机、防火卷帘等消防用电设备的配电柜、控制柜开关处于接通和自动位置。需要维修时，应采取相应的措施，维修完成后，应立即恢复到正常运行状态。

f) 对自动消防设施应每年进行全面检查测试，并出具检测报告。当事人在订立相关委托合同时，应依照有关规定明确各方关于消防设施维护和检查的责任。

7.6.10 消防控制室管理应明确值班人员的职责，制定并落实24小时值班制度（每班不应少于2人）和交接班的程序、要求以及设备自检、巡检的程序、要求。值班人员应持证上岗。

7.6.11 消防控制室内不得堆放杂物，应保证其环境满足设备正常运行的要求，应具备各楼层消防设施平面布置图，完整的消防设施设计、施工和验收资料，灭火和应急疏散预案等。

7.6.12 严禁对消防控制室报警控制设备的喇叭，蜂鸣器等声光报警器件进行遮蔽、堵塞、断线、旁路等操作，保证警示器件处于正常工作状态。

7.6.13　严禁将消防控制室的消防电话、消防应急广播、消防记录打印机等设备挪作他用。消防图形显示装置中专用于报警显示的计算机，严禁安装游戏、办公等其他无关软件。

7.6.14　在消防控制室内，应置备一定数量的灭火器、消防过滤式自救呼吸器、空气呼吸器、手持扩音器、手电筒、对讲机、消防梯、消防斧、辅助逃生装置等消防紧急备用物品、工具仪表。

7.6.15　在消防控制室内，应置备有关消防设备用房，通往屋顶和地下室等消防设施的通道门锁钥匙、防火卷帘按钮钥匙、手动报警按钮恢复钥匙等，并分类标志悬挂；置备有关消防电源、控制箱（柜）、开关专用钥匙及手提插孔消防电话、安全工作帽等消防专用工具、器材。

7.6.16　消防控制室接到火灾警报后，消防控制室值班人员应立即以最快方式进行确认。确认发生火灾后，应立即确认火灾报警联动控制开关处于自动状态，拨打"119"电话报警，同时向消防安全责任人或消防安全管理人报告，启动单位内部灭火和应急疏散预案。

7.6.17　消防控制室的值班人员应每两小时记录一次值班情况，值班记录应完整、字迹清晰，保存完好。

7.6.18　设置火灾自动报警系统、消防给水及消火栓系统或自动喷水灭火系统等建筑消防设施的人员密集场所，宜与城市消防远程监控系统联网，传输火灾报警和建筑消防设施运行状态信息。

7.7　火灾隐患整改

7.7.1　人员密集场所应建立火灾隐患整改制度，明确火灾隐患整改责任部门和责任人、整改的程序、时限和所需经费来源、保障措施。

7.7.2　发现火灾隐患，应立即改正；不能立即改正的，应报告上级主管人员。

7.7.3　消防安全管理人或部门消防安全责任人应组织对报告的火灾隐患进行认定，并对整改情况进行确认。

7.7.4 在火灾隐患整改期间，应采取相应的安全保障措施。

7.7.5 对消防救援机构责令限期改正的火灾隐患和重大火灾隐患，应在规定的期限内改正，并将火灾隐患整改情况报送至消防救援机构。

7.7.6 重大火灾隐患不能按期完成整改的，应自行将危险部位停产、停业整改。

7.7.7 对于涉及城市规划布局而不能及时解决的重大火灾隐患，应提出解决方案并及时向其上级主管部门或当地人民政府报告。

7.8 用电防火安全管理

7.8.1 人员密集场所应建立用电防火安全管理制度，明确用电防火安全管理的责任部门和责任人，并应包括下列内容：

a）电气设备的采购要求；

b）电气设备的安全使用要求；

c）电气设备的检查内容和要求；

d）电气设备操作人员的资格要求。

7.8.2 用电防火安全管理应符合下列要求：

a）采购电气、电热设备，应选用合格产品，并应符合有关安全标准的要求；

b）更换或新增电气设备时，应根据实际负荷重新校核、布置电气线路并设置保护措施；

c）电气线路敷设、电气设备安装和维修应由具备职业资格的电工进行，留存施工图纸或线路改造记录；

d）不得随意乱接电线，擅自增加用电设备；

e）靠近可燃物的电器，应采取隔热、散热等防火保护措施；

f）人员密集场所内严禁电动自行车停放、充电；

g）应定期进行防雷检测；应定期检查、检测电气线路、设备，严禁长时间超负荷运行；

h）电气线路发生故障时，应及时检查维修，排除故障后方可继续使用；

ｉ）商场、餐饮场所、公共娱乐场所营业结束时，应切断营业场所内的非必要电源；

ｊ）涉及重大活动临时增加用电负荷时，应委托专业机构进行用电安全检测，检测报告应存档备查。

7.9　用火、动火安全管理

7.9.1　人员密集场所应建立用火、动火安全管理制度，并应明确用火、动火管理的责任部门和责任人，用火、动火的审批范围、程序和要求等内容。动火审批应经消防安全责任人签字同意方可进行。

7.9.2　用火、动火安全管理应符合下列要求：

ａ）人员密集场所禁止在营业时间进行动火作业；

ｂ）需要动火作业的区域，应与使用、营业区域进行防火分隔，严格将动火作业限制在防火分隔区域内，并加强消防安全现场监管；

ｃ）电气焊等明火作业前，实施动火的部门和人员应按照制度规定办理动火审批手续，清除可燃、易燃物品，配置灭火器材，落实现场监护人和安全措施，在确认无火灾、爆炸危险后方可动火作业；

ｄ）人员密集场所不应使用明火照明或取暖，如特殊情况需要时，应有专人看护；

ｅ）炉火、烟道等取暖设施与可燃物之间应采取防火隔热措施；

ｆ）宾馆、餐饮场所、医院、学校的厨房烟道应至少每季度清洗一次；

ｇ）进入建筑内以及厨房、锅炉房等部位内的燃油、燃气管道，应经常检查、检测和保养。

7.10　易燃、易爆化学物品管理

7.10.1　人员密集场所严禁生产或储存易燃、易爆化学物品。

7.10.2　人员密集场所应明确易燃、易爆化学物品使用管理的责任部门和责任人。

7.10.3　人员密集场所需要使用易燃、易爆化学物品时，应根据需求限量使用，存储量不应超过一天的使用量，并应在不使用时予以及时清除，

且应由专人管理、登记。

7.11 消防安全重点部位管理

7.11.1 消防安全重点部位应建立岗位消防安全责任制，并明确消防安全管理的责任部门和责任人。

7.11.2 人员集中的厅（室）以及建筑内的消防控制室、消防水泵房、储油间、变配电室、锅炉房、厨房、空调机房、资料库、可燃物品仓库和化学实验室等，应确定为消防安全重点部位，在明显位置张贴标识，严格管理。

7.11.3 应根据实际需要配备相应的灭火器材、装备和个人防护器材。

7.11.4 应制定和完善事故应急处置操作程序。

7.11.5 应列入防火巡查范围，作为定期检查的重点。

7.12 消防档案

7.12.1 应建立消防档案管理制度，其内容应明确消防档案管理的责任部门和责任人，消防档案的制作、使用、更新及销毁的要求。消防档案应存放在消防控制室或值班室等，留档备查。

7.12.2 消防档案管理应符合下列要求：

a）按照有关规定建立纸质消防档案，并宜同时建立电子档案；

b）消防档案应包括消防安全基本情况、消防安全管理情况、灭火和应急疏散预案演练情况；

c）消防档案的内容应全面反映消防工作的基本情况，并附有必要的图纸、图表；

d）消防档案应由专人统一管理，按档案管理要求装订成册。

7.12.3 消防安全基本情况应包括下列内容：

a）建筑的基本概况和消防安全重点部位；

b）所在建筑消防设计审查、消防验收或消防设计、消防验收备案以及场所投入使用、营业前消防安全检查的相关资料；

c）消防组织和各级消防安全责任人；

d）微型消防站设置及人员、消防装备配备情况；

e）相关租赁合同；

f）消防安全管理制度和保证消防安全的操作规程，灭火和应急疏散预案；

g）消防设施、灭火器材配置情况；

h）专职消防队、志愿消防队人员及其消防装备配备情况；

i）消防安全管理人、自动消防设施操作人员、电气焊工、电工、易燃易爆危险品操作人员的基本情况；

j）新增消防产品质量合格证，新增建筑材料和室内装修、装饰材料的防火性能证明文件。

7.12.4　消防安全管理情况应包括下列内容：

a）消防安全例会记录或会议纪要、决定；

b）消防救援机构填发的各种法律文书；

c）消防设施定期检查记录、自动消防设施全面检查测试的报告、维修保养的记录以及委托检测和维修保养的合同；

d）火灾隐患、重大火灾隐患及其整改情况记录；

e）消防控制室值班记录；

f）防火检查、巡查记录；

g）有关燃气、电气设备检测、动火审批等记录资料；

h）消防安全培训记录；

i）灭火和应急疏散预案的演练记录；

j）各级和各部门消防安全责任人的消防安全承诺书；

k）火灾情况记录；

l）消防奖惩情况记录。

8　消防安全措施

8.1　通用要求

8.1.1　人员密集场所不应与甲、乙类厂房、仓库组合布置或贴邻布置；除人员密集的生产加工车间外，人员密集场所不应与丙、丁、戊类厂房、仓库组合布置；人员密集的生产加工车间不宜布置在丙、丁、戊类厂房、仓库的上部。

8.1.2 人员密集场所设置在具有多种用途的建筑内时，应至少采用耐火极限不低于1.00h的楼板和2.00h的隔墙与其他部位隔开，并应满足各自不同营业时间对安全疏散的要求。人员密集场所采用金属夹芯板材搭建临时构筑物时，其芯材应为A级不燃材料。

8.1.3 生产、储存、经营场所与员工集体宿舍设置在同一建筑物中的，应符合国家工程建设消防技术标准和XF 703的要求，实行防火分隔，设置独立的疏散通道、安全出口。

8.1.4 设置人员密集场所的建筑，其疏散楼梯宜通至屋面，并宜在屋面设置辅助疏散设施。

8.1.5 建筑面积大于400m²的营业厅、展览厅等场所内的疏散指示标志，应保证其指向最近的疏散出口，并使人员在走道上任何位置保持视觉连续。

8.1.6 除国家标准规定应安装自动喷水灭火系统的人员密集场所之外，其他人员密集场所需要设置自动喷水灭火系统时，可按GB 50084的规定设置自动喷水灭火局部应用系统。

8.1.7 除国家标准规定应安装火灾自动报警系统的人员密集场所之外，其他人员密集场所需要设置火灾自动报警系统时，可设置独立式火灾探测报警器，独立式火灾探测报警器宜具备无线联网和远程监控功能。

8.1.8 需要经常保持开启状态的防火门，应采用常开式防火门，设置自动和手动关闭装置，并保证其火灾时能自动关闭。

8.1.9 人员密集场所平时需要控制人员随意出入的安全出口、疏散门或设置门禁系统的疏散门，应保证火灾时能从内部直接向外推开，并应在门上设置"紧急出口"标识和使用提示。可以根据实际需要选用以下方法或其他等效的方法：

a）设置安全控制与报警逃生门锁系统，其报警延迟时间不应超过15s；

b）设置能远程控制和现场手动开启的电磁门锁装置；当设置火灾自动

报警系统时，应与系统联动；

c）设置推闩式外开门。

8.1.10　人员密集场所内的装饰材料，如窗帘、地毯、家具等的燃烧性能应符合GB 50222的规定。

8.1.11　人员密集场所可能泄漏散发可燃气体或蒸气的场所，应设置可燃气体检测报警装置。

8.1.12　人员密集场所内燃油、燃气设备的供油、供气管道应采用金属管道，在进入建筑物前和设备间内的管道上均应设置手动和自动切断装置。

8.2　宾馆

8.2.1　宾馆前台和大厅配置对讲机、喊话器、扩音器、应急手电筒、消防过滤式自救呼吸器等器材。

8.2.2　高层宾馆的客房内应配备应急手电筒、消防过滤式自救呼吸器等逃生器材及使用说明，其他宾馆的客房内宜配备应急手电筒、消防过滤式自救呼吸器等逃生器材及使用说明，并应放置在醒目位置或设置明显的标志。应急手电筒和消防过滤式自救呼吸器的有效使用时间不应小于30min。

8.2.3　客房内应设置醒目、耐久的"请勿卧床吸烟"提示牌和楼层安全疏散及客房所在位置示意图。

8.2.4　客房层应按照有关建筑消防逃生器材及配备标准设置辅助逃生器材，并应有明显的标志。

8.3　商场

8.3.1　商场、市场建筑之间不应设置连接顶棚；当必须设置时，应符合下列要求：

a）消防车通道上部严禁设置连接顶棚；

b）顶棚所连接的建筑总占地面积不应超过2500m²；

c）顶棚下面不应设置摊位，放置可燃物；

d）顶棚材料的燃烧性能不应低于GB 50222规定的B_1级；

e）顶棚四周应敞开，其高度应高出建筑檐口或女儿墙顶1.0m以上，其自然排烟口面积不应低于顶棚地面正投影面积的25%。

8.3.2 设置于商场内的库房应采用耐火极限不低于3.00h的隔墙与营业、办公部分完全分隔，通向营业厅的开口应设置甲级防火门。

8.3.3 商场内的柜台和货架应合理布置，营业厅内的疏散通道设置应符合JGJ 48的规定，并应符合下列要求：

a）营业厅内主要疏散通道应直通安全出口；

b）营业厅内通道的最小净宽度应符合JGJ 48的相关规定；

c）疏散通道及疏散走道的地面上应设置保持视觉连续的疏散指示标志；

d）营业厅内任一点至最近安全出口或疏散门的直线距离不宜大于30m，且行走距离不应大于45m。

8.3.4 营业厅内的疏散指示标志设置应符合下列要求：

a）应在疏散通道转弯和交叉部位两侧的墙面、柱面距地面高度1.0m以下设置灯光疏散指示标志；有困难时，可设置在疏散通道上方2.2m~3.0m处；疏散指示标志的间距不应大于20m；

b）灯光疏散指示标志的规格不应小于0.5m×0.25m；

c）总建筑面积大于5000m²的商场或建筑面积大于500m²的地下或半地下商店，疏散通道的地面上应设置视觉连续的灯光或蓄光疏散指示标志；其他商场，宜设置灯光或蓄光疏散指示标志。

8.3.5 营业厅的安全疏散路线不应穿越仓库、办公室等功能性用房。

8.3.6 营业厅内食品加工区的明火部位应靠外墙布置，并应采用耐火极限不低于2.00h的隔墙、乙级防火门与其他部位分隔。敞开式的食品加工区，应采用电加热器具，严禁使用可燃气体、液体燃料。

8.3.7 防火卷帘门两侧各0.3m范围内不得放置物品，并应用黄色标识线划定范围。

8.3.8 设置在商场、市场内的中庭不应设置固定摊位，放置可燃物等。

8.4 公共娱乐场所

8.4.1 公共娱乐场所的每层外墙上应设置外窗（含阳台），间隔不应大于20.0m。每个外窗的面积不应小于1.0m²，且其短边不应小于1.0m，窗口下沿距室内地坪不应大于1.2m。

8.4.2　使用人数超过20人的厅、室内应设置净宽度不小于1.1m的疏散通道，活动座椅应采用固定措施。

8.4.3　疏散门或疏散通道上、疏散走道及其尽端墙面上、疏散楼梯，不应镶嵌玻璃镜面等影响人员安全疏散行动的装饰物。疏散走道上空不应悬挂装饰物、促销广告等可燃物或遮挡物。

8.4.4　休息厅、录像放映、卡拉OK及其包房内应设置声音或视频警报，保证在发生火灾时能立即将其画面、音响切换到应急广播和应急疏散指示状态。

8.4.5　各种灯具距离窗帘、幕布、布景等可燃物不应小于0.50m。

8.4.6　场所内严禁使用明火进行表演或燃放各类烟花。

8.4.7　营业时间内和营业结束后，应指定专人进行消防安全检查，清除烟蒂等遗留火种，关闭电源。

8.5　学校

8.5.1　图书馆、教学楼、实验楼和集体宿舍的疏散走道不应设置弹簧门、旋转门、推拉门等影响安全疏散的门。疏散走道、疏散楼梯间不应设置卷帘门、栅栏等影响安全疏散的设施。

8.5.2　集体宿舍值班室应配置灭火器、喊话器、消防过滤式自救呼吸器、对讲机等消防器材。

8.5.3　集体宿舍严禁使用蜡烛、酒精炉、煤油炉等明火器具；使用蚊香等物品时，应采取保护措施或与可燃物保持一定的距离。

8.5.4　宿舍内不应卧床吸烟和乱扔烟蒂。

8.5.5　建筑内设置的垃圾桶（箱）应采用不燃材料制作，并设置在周围无可燃物的位置。

8.5.6　宿舍内严禁私自接拉电线，严禁使用电炉、电取暖、热得快等大功率电器设备，每间集体宿舍均应设置用电过载保护装置。

8.5.7 集体宿舍应设置醒目的消防安全标志。

8.6 医院的门诊楼、病房楼，老年人照料设施、托儿所、幼儿园及儿童活动场所

8.6.1 严禁违规储存、使用易燃易爆危险品，严禁吸烟和违规使用明火。

8.6.2 严禁私拉乱接电气线路、超负荷用电，严禁使用非医疗、护理、保教保育用途大功率电器。

8.6.3 门诊楼、病房楼的公共区域以及病房内的明显位置应设置安全疏散指示图，指示图上应标明疏散路线、疏散方向、安全出口位置及人员所在位置和必要的文字说明。

8.6.4 病房楼内的公共部位不应放置床位和留置过夜，不得放置可燃物和设置影响人员安全疏散的障碍物。

8.6.5 病房内氧气瓶应及时更换，不应积存。采用管道供氧时，应经常检查氧气管道的接口、面罩等，发现漏气应及时修复或更换。

8.6.6 病房楼内的氧气干管上应设置手动紧急切断气源的装置。供氧、用氧设备及其检修工具不应沾染油污。

8.6.7 重症监护室应自成一个相对独立的防火分区，通向该区的门应采用甲级防火门。

8.6.8 病房、重症监护室宜设置开敞式的阳台或凹廊。

8.6.9 护士站内存放的酒精、乙酸等易燃、易爆危险物品应由专人负责，专柜存放，并应存放在阴凉通风处，远离热源、避免阳光直射。

8.6.10 老年人照料设施、托儿所、幼儿园及儿童活动场所的厨房、烧水间应单独设置或采用耐火极限不低于2.00h的防火隔墙与其他部位分隔，墙上的门、窗应采用乙防火门、窗。

8.7 体育场馆、展览馆、博物馆的展览厅等场所

8.7.1 举办活动时，应制订相应的消防应急预案，明确消防安全责任人；大型演出或比赛等活动期间，配电房、控制室等部位应安排专人值守。活动现场应配备齐全消防设施，并有专人操作。

8.7.2 场馆内的灯光疏散指示标志的规格不应小于0.85m×0.30m。

8.7.3 需要搭建临时建筑时，应采用燃烧性能不低于B₁级的材料。临时建筑与周围建筑的间距不应小于6.0m。临时建筑应根据活动人数满足安全出口数量、宽度及疏散距离等安全疏散要求，配备相应消防器材，有条件的可设置临时消防设施。

8.7.4 展厅等场所内的主要疏散通道应直通安全出口，其宽度不应小于5.0m，其他疏散通道的宽度不应小于3.0m。疏散通道的地面应设置明显标识。

8.7.5 布展时，不应进行电气焊等动火作业；必须进行动火作业时，动火现场应安排专人监护并采取相应的防护措施。

8.7.6 展览馆内设置的餐饮区域，应相对独立，不应使用明火。

8.8 人员密集的生产加工车间、员工集体宿舍

8.8.1 生产车间内应保持疏散通道畅通，通向疏散出口的主要疏散通道的宽度不应小于2.0m，其他疏散通道的宽度不应小于1.5m，且地面上应设置明显的标示线。

8.8.2 车间内中间仓库的储量不应超过一昼夜的使用量。生产过程中的原料、半成品、成品，应按火灾危险性分类集中存放，机电设备周围0.5m范围内不得放置可燃物。消防设施周围，不得设置影响其正常使用的障碍物。

8.8.3 生产加工中使用电熨斗等电加热器具时，应固定使用地点，并采取可靠的防火措施。

8.8.4 应按操作规程定时清除电气设备及通风管道上的可燃粉尘、飞絮。

8.8.5 不应在生产加工车间、员工集体宿舍内擅自拉接电气线路、设置炉灶。员工集体宿舍应符合下列要求：

a）人均使用面积不应小于4.0m²；

b）宿舍内的床铺不应超过2层；

c）每间宿舍的使用人数不应超过12人；

d）房间隔墙的耐火极限不应低于1.00h，且应砌至梁、板底；

e）内部装修应采用燃烧性能不低于B$_1$级的材料。

9 灭火和应急疏散预案编制和演练

9.1 预案

9.1.1 人员密集场所应根据人员集中、火灾危险性较大和重点部位的实际情况，按照GB/T 38315制订有针对性的灭火和应急疏散预案。

9.1.2 预案内容应包括下列内容：

a）单位的基本情况，火灾危险分析；

b）火灾现场通信联络、灭火、疏散、救护、保卫等应由专门机构或专人负责，并明确各职能小组的负责人、组成人员及各自职责；

c）火警处置程序；

d）应急疏散的组织程序和措施；

e）扑救初起火灾的程序和措施；

f）通信联络、安全防护和人员救护的组织与调度程序、保障措施。

9.2 组织机构

9.2.1 人员密集场所应成立由消防安全责任人或消防安全管理人负责的火灾事故应急指挥机构，担负消防救援队到达之前的灭火和应急疏散指挥职责。

9.2.2 人员密集场所应成立由当班的消防安全管理人、部门主管人员、消防控制室值班人员、保安人员、志愿消防队员及其他在岗的从业人员组成的职能小组，接受火灾事故应急指挥机构的指挥，承担灭火和应急疏散各项职责。职能小组设置和职责分工如下：

a）通信联络组：负责与消防安全责任人和当地消防救援机构之间的通信和联络；

b）灭火行动组：发生火灾，立即利用消防器材、设施就地扑救火灾；

c）疏散引导组：负责引导人员正确疏散、逃生；

d）防护救护组：协助抢救、护送伤员；阻止与场所无关人员进入现场，保护火灾现场，协助消防救援机构开展火灾调查；

e）后勤保障组：负责抢险物资、器材器具的供应及后勤保障。

9.3 预案实施程序

确认发生火灾后，应立即启动灭火和应急疏散预案，并同时开展下列工作：

——向消防救援机构报火警；

——各职能小组执行预案中的相应职责；

——组织和引导人员疏散，营救被困人员；

——使用消火栓等消防器材、设施扑救初起火灾；

——派专人接应消防车辆到达火灾现场；

——保护火灾现场，维护现场秩序。

9.4 预案的宣贯和完善

9.4.1 人员密集场所应定期组织员工和承担有灭火、疏散等职责分工的相关人员熟悉灭火和应急疏散预案，并通过预案演练，逐步修改完善。遇人员变动或其他情况，应及时修订单位灭火和应急疏散预案。

9.4.2 大型多功能公共建筑、地铁和建筑高度大于100m的公共建筑等，应根据需要邀请有关专家对灭火和应急疏散预案进行评估、论证。

9.5 消防演练

9.5.1 目的

9.5.1.1 检验各级消防安全责任人，各职能组和有关工作人员对灭火和应急疏散预案内容、职责的熟悉程度。

9.5.1.2 检验人员安全疏散、初起火灾扑救、消防设施使用等情况。

9.5.1.3 检验在紧急情况下的组织、指挥、通信、救护等方面的能力。

9.5.1.4 检验灭火应急疏散预案的实用性和可操作性。

9.5.2 组织

9.5.2.1 宾馆、商场、公共娱乐场所，应至少每半年组织一次消防演练；其他场所，应至少每年组织一次。

9.5.2.2　选择人员集中、火灾危险性较大和重点部位作为消防演练的目标，每次演练应选择不同的重点部位作为消防演练目标，并根据实际情况，确定火灾模拟形式。

9.5.2.3　消防演练方案可报告当地消防救援机构，邀请其进行业务指导。

9.5.2.4　在消防演练前，应通知场所内的使用人员积极参与；消防演练时，应在建筑入口等明显位置设置"正在消防演练"的标志牌，避免引起公众慌乱。

9.5.2.5　消防演练开始后，各职能小组应按照计划实施灭火和应急疏散预案。

9.5.2.6　在模拟火灾演练中，应落实火源及烟气的控制措施，防止造成人员伤害。

9.5.2.7　大型多功能公共建筑、地铁和建筑高度大于100m的公共建筑等，应适时与当地消防救援队伍组织联合消防演练。

9.5.2.8　演练结束后，应及时进行总结，并做好记录。

10　火灾事故处置与善后

10.1　建筑发生火灾后，应立即启动灭火和应急疏散预案，组织建筑内人员立即疏散，并实施火灾扑救。

10.2　建筑发生火灾后，应保护火灾现场。消防救援机构划定的警戒线范围是火灾现场保护范围；尚未划定时，应将火灾过火范围以及与发生火灾有关的部位划定为火灾现场保护范围。

10.3　不应擅自进入火灾现场或移动火场中的任何物品。

10.4　未经消防救援机构同意，不应擅自清理火灾现场。

10.5　火灾事故相关人员应主动配合接受事故调查，如实提供火灾事故情况，如实申报火灾直接财产损失。

10.6　火灾调查结束后，应总结火灾事故教训，及时改进消防安全管理。

附　录 A

（资料性）

防火巡查记录表格

防火巡查记录表示例见表A.1。

表A.1　防火巡查记录表示例

巡查人员：

序号	部位*	时间	存在问题	备注
1				
2				
3				
4				
5				
6				
7				
8				
9				
10				

* 防火巡查至少包括下列内容：

a）用火、用电有无违章情况；

b）安全出口、疏散通道是否畅通，有无锁闭；安全疏散指示标志、应急照明是否完好；

c）常闭式防火门是否保持常闭状态，防火卷帘下是否堆放物品；

d）消防设施、器材是否在位、完整有效。消防安全标志是否完好清晰；

e）消防安全重点部位的人员在岗情况；

f）消防车通道是否畅通；

g）其他消防安全情况。

附 录 B

（资料性）

防火检查记录表格

防火检查记录表示例见表B.1。

表B.1 防火检查记录表示例

检查人员：　　　　　　　　　　　　检查时间：

序号	部位*	存在问题	备注
1			
2			
3			
4			
检查情况			

*防火检查至少包括下列内容：

a）消防车通道、消防车登高操作场地、消防水源；

b）安全疏散通道、疏散走道、楼梯，安全出口及其疏散指示标志、应急照明；

c）消防安全标志的设置情况；

d）灭火器材配置及完好情况；

e）楼板、防火墙和竖井孔洞的封堵情况；

f）建筑消防设施运行情况；

g）消防控制室值班情况、消防控制设备运行情况和记录；

h）用火、用电有无违规违章情况；

i）消防安全重点部位的管理；

j）微型消防站设置、值班值守情况，以及人员、装备配置情况；

k）防火巡查落实情况和记录；

l）火灾隐患的整改以及防范措施的落实情况；

m）消防安全重点部位人员以及其他员工消防知识的掌握情况。